費曼物理學講義 II
電磁與物質
3 馬克士威方程

The Feynman Lectures on Physics
The New Millennium Edition
Volume 2

By Richard P. Feynman,
Robert B. Leighton, Matthew Sands

李精益　譯
高涌泉　審訂

The Feynman

費曼物理學講義 II
電磁與物質

3 馬克士威方程

第25章

按相對論性記法的電動力學　239

第26章

場的勞侖茲變換　　263

費曼物理學講義 II
電磁與物質

2 介電質、磁與感應定律

中文版前言

5 磁性、彈性與流體

The Feynman

第18章
馬克士威方程組

18-1 馬克士威方程組

在這一章，我們將回到第 1 章中做為我們起點的馬克士威方程組，這是由四個式子組成的完整方程組。到目前為止，我們已經片段的研究過馬克士威方程組；現在是加入最後一部分，並將它們全部拼合起來的時候了。對於可能隨時間任意變化的電磁場，我們將擁有完整且正確的理論。本章中談到的任何事，若與從前所敘述的矛盾，則以本章為準、從前為非 —— 因為從前所敘述的只適用於諸如穩定電流或固定電荷這類特殊情況。雖然先前每寫下一個方程式時，我們都很小心指出其限制，但這一切條件很容易受到忽略，因而將錯誤的方程式學得太好。現在我們準備給出全部真理，而不附帶（或幾乎不附帶）任何限制條件。

整套馬克士威方程組列於表 18-1 中，其中包括用語言和數學符號兩種表達方式。語言等同於方程式，這一事實到現在應已是熟悉的了 —— 你們應該能從一種形式變換至另一種形式。

第一個方程式 —— E 的散度等於電荷密度除以 ϵ_0 —— 是普遍正確的。無論對於靜態場或動態場，高斯定律永遠都成立。穿過任一閉合面的 E 通量正比於其內部的電荷。第三個方程式是相對應的磁場普遍定律。由於不存在磁荷，所以穿過任一閉合面的 B 通量總是等於零。第二個方程式，即 E 的旋度等於 $-\partial B/\partial t$，就是法拉第定律，我們在前兩章中已討論過。它也是普遍正確的。最後一個方程式有些新東西。我們以前只看到對穩定電流適用的那一部分。在那種情形下，我們說過，B 的旋度等於 $j/\epsilon_0 c^2$，但普遍正確的方程式還有一個新的項，是由馬克士威（James Clerk Maxwell, 1831-1879，英國物理學家）發現的。

表 18-1　古典物理學

馬克士威方程組

I.　$\nabla \cdot E = \dfrac{\rho}{\epsilon_0}$　　　（穿過一閉合面的 E 通量）＝（內部電荷）$/\epsilon_0$

II.　$\nabla \times E = -\dfrac{\partial B}{\partial t}$　　　（環繞一迴路的 E 的線積分）＝ $-\dfrac{d}{dt}$（穿過迴路的 B 通量）

III.　$\nabla \cdot B = 0$　　　（穿過一閉合面的 B 通量）＝ 0

IV.　$c^2 \nabla \times B = \dfrac{j}{\epsilon_0} + \dfrac{\partial E}{\partial t}$　　c^2（環繞一迴路的 B 的積分）＝（穿過迴路的電流）$/\epsilon_0$

$$+\dfrac{d}{dt}\text{（穿過迴路的 } E \text{ 通量）}$$

$\left[\begin{array}{l}\text{電荷守恆}\\[4pt]\quad \nabla \cdot j = -\dfrac{\partial \rho}{\partial t}\qquad \text{（穿過一閉合面的電流通量）}= -\dfrac{d}{dt}\text{（內部電荷）}\end{array}\right]$

力的定律

$$F = q(E + v \times B)$$

運動定律

$$\frac{d}{dt}(p) = F, \quad \text{其中} \quad p = \frac{mv}{\sqrt{1 - v^2/c^2}} \text{（愛因斯坦修正後的牛頓定律）}$$

重力

$$F = -G\,\frac{m_1 m_2}{r^2}\,e_r$$

　　在馬克士威的相關工作之前，電學和磁學的已知定律就是我們從第 3 章到第 17 章中所學到的。特別是穩定電流的磁場，其方程式僅知道為

$$\nabla \times B = \frac{j}{\epsilon_0 c^2} \tag{18.1}$$

馬克士威開始考慮這些已知定律，並將它們表成微分方程，正如我們此處所做的。（雖然當時 ∇ 這一符號尚未發明，但今天我們稱為旋度與散度的那些微分組合式，主要是由於馬克士威，才首次顯示其重要性。）他接著注意到 (18.1) 式有些奇怪之處。假如我們取這個方程式的散度，左邊將是零，因為旋度的散度總是等於零。所以這個方程式要求 j 的散度也等於零。但假若 j 的散度為零，則從任一閉合面流出的總電流通量也將是零。

　　來自一閉合面的電流通量，等於在此表面內電荷減少的量。一般說來，這肯定不應該是零，因為我們知道電荷可以從一處移至另一處。事實上，方程式

$$\nabla \cdot j = -\frac{\partial \rho}{\partial t} \tag{18.2}$$

幾乎就是我們對 j 的定義。此方程式表明了電荷守恆這個極為基本的定律──任何電荷流動都必須來自於某一供應源。馬克士威體認到這一難題，並建議可在 (18.1) 式等號的右邊加進 $\partial E/\partial t$ 這一項來加以避免；於是他得到表 18-1 中所列的第四個方程式：

$$\text{IV.} \quad c^2\nabla \times B = \frac{j}{\epsilon_0} + \frac{\partial E}{\partial t}$$

　　在馬克士威的時代，人們還不習慣用抽象的場來思考。馬克士威利用一個將真空看成好像是某種彈性固體的模型來討論他的概念。他也嘗試用此機械模型來解釋其新方程式的意義。當時他的理論並沒有廣獲接受，有不少阻礙存在，首先是由於他的模型，其次則是由於起初尚未有實驗上的確認。今天，我們有更好的瞭解：真正要緊的是方程式本身，而不是用來得到它們的模型。我們只要問方程式是真還是假。這要經由做實驗來回答，而無數實驗都證實了馬克士威方程組。假如將馬克士威用以建立其大廈的鷹架搬開，我

們會發現他的華麗大廈本身仍巍然屹立。他把電學和磁學的所有定律結合起來，建構出完整而又漂亮的理論。

接著我們來證明，這一附加項正是為解決馬克士威所發現的那個困難所必需的。對他的方程式（表18-1中的 IV 式）取散度，我們必定得到右邊的散度等於零：

$$\nabla \cdot \frac{\boldsymbol{j}}{\epsilon_0} + \nabla \cdot \frac{\partial \boldsymbol{E}}{\partial t} = 0 \qquad (18.3)$$

第二項中對座標與對時間取微分的次序可以對調，因而方程式可重新寫成

$$\nabla \cdot \boldsymbol{j} + \epsilon_0 \frac{\partial}{\partial t} \nabla \cdot \boldsymbol{E} = 0 \qquad (18.4)$$

但馬克士威方程組中的第一個式子已申明 $\boldsymbol{E}$ 的散度等於 ρ/ϵ_0。將此等式代入 (18.4) 式，我們又回到 (18.2) 式，而我們知道它是正確的。反過來，若接受馬克士威方程組——我們的確接受了，因為從沒人發現與它們不符的實驗——則我們必將斷定：電荷總是守恆的。

物理定律無法回答下述問題：「假如電荷在某一點上突然被創造出來，將發生什麼事，會造成哪些電磁效應呢？」對此，我們不能提出任何答案，因為我們的方程式說明這種情況是不會發生的。要是**真的**發生，我們將需要新的定律，但我們無法講明這些新定律該會是什麼樣子。我們還沒有機會去觀察電荷不守恆的世界將如何運作。按照我們的方程式，假如你突然將一電荷放在某一點上，你必定是從別處將電荷帶到那裡。在這種情況下，我們就能說明會發生什麼事了。

當我們從前對 $\boldsymbol{E}$ 之旋度的方程式加上一個新的項時，我們發現，這樣可以描述一整類新現象。我們將看到，馬克士威對 $\nabla \times \boldsymbol{B}$

這個方程式加上微小的一項，也會帶來深遠的後果。在這一章中，我們只能提及其中的幾個後果。

18-2 新加的一項如何起作用

第一個例子，我們考慮具球狀對稱的徑向電流分布所發生的情況。我們設想一個其上裝有放射性材料的小球。此放射性材料正進射出一些帶電質點。（或者我們也可想成有一大塊果凍，在其中心小洞內，讓皮下注射針注入了一些電荷，而電荷正慢慢滲漏出來。）在任一種情況中，我們都有處處沿徑向流出的電流。我們假定所有方向上電流的大小都相同。

令在任一半徑 r 之內的總電荷為 $Q(r)$。假如在同一半徑處的電流密度為 $j(r)$，則 (18.2) 式要求 Q 減少的變化率為

$$\frac{\partial Q(r)}{\partial t} = -4\pi r^2 j(r) \tag{18.5}$$

現在我們要問，在此情況下由電流產生的磁場為何。假設我們在半徑為 r 的球面上畫出某一迴路 Γ，如圖 18-1 所示。於是會有一些電流穿過此迴路，因而我們可能預期會找到沿圖上所示方向環繞的一個磁場。

但我們已陷入困境之中。**B** 怎麼可能在球面上有任何特定方向呢？對 Γ 的另一種選擇，會讓我們斷言其方向恰與所示者相反。所以，怎麼**能夠**有任何環繞那些電流的 **B** 環流量呢？

幸而馬克士威方程式救了我們。**B** 環流量不僅取決於穿過 Γ 的**總電流**，而且也取決於穿過它**電通量**的時間變化率。一定是這兩部分正好彼此抵消。讓我們看看是否確實如此。

在半徑為 r 處的電場必定是 $Q(r)/4\pi\epsilon_0 r^2$ ── 只要電荷如我們假

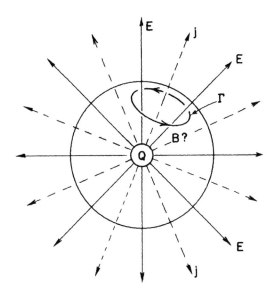

<u>圖18-1</u>　具有球形對稱的電流，其磁場為何？

定的呈球對稱分布。它是沿著徑向的，而其變化率則等於

$$\frac{\partial E}{\partial t} = \frac{1}{4\pi\epsilon_0 r^2}\frac{\partial Q}{\partial t} \qquad (18.6)$$

將上式與(18.5)式比較，我們看到在任一半徑上

$$\frac{\partial E}{\partial t} = -\frac{j}{\epsilon_0} \qquad (18.7)$$

方程式 IV 中的那兩個源項彼此抵消了，因而 **B** 的旋度就永遠為零。在我們的這個例子中不存在磁場。

　　第二個例子，我們考慮用來為平行板電容器充電的一根導線的磁場（見圖18-2）。假如板上的電荷 Q 隨時間變化（但變化得不太快），則導線內的電流便等於 dQ/dt。我們預期此電流將產生一個環

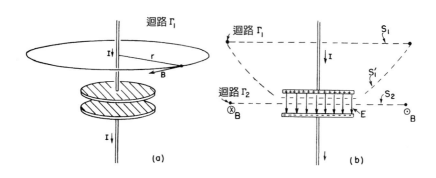

圖 18-2　正在充電的電容器附近的磁場

繞導線的磁場。毫無疑問，在導線附近的電流必定產生出一個垂直方向的磁場——無論電流的走向爲何，都是這樣。

假設我們選取一條迴路 Γ_1，如圖 (a) 所示的半徑爲 r 的圓。磁場的線積分應該等於電流 I 除以 $\epsilon_0 c^2$。我們得到

$$2\pi rB = \frac{I}{\epsilon_0 c^2} \qquad (18.8)$$

這是我們對穩定電流應當得到的，不過在加上馬克士威的附加項之後，它依然正確，因爲假設我們考慮圓周內的平面 S，在其上將不會有電場（假定導線是極佳的導體）。$\partial E/\partial t$ 的面積分等於零。

然而，假設我們現在將 Γ 慢慢下移。我們總是得到相同的結果，直至電容器的極板爲止。此時電流 I 變爲零。磁場消失了嗎？這將是十分奇怪的。讓我們看看，對於那條其平面通過電容器兩板之間且半徑爲 r 的圓形迴路 Γ_2（圖 18-2(b)），馬克士威方程式將作何解釋。B 環繞 Γ_2 的線積分爲 $2\pi rB$。這必須等於穿過圓形平面 S_2 的 E 通量的時間導數。我們從高斯定律得知，這個 E 通量應等於 $1/\epsilon_0$ 乘以電容器每一極板上的電荷 Q。我們得到

$$c^2\, 2\pi rB = \frac{d}{dt}\left(\frac{Q}{\epsilon_0}\right) \qquad (18.9)$$

這是非常合宜的。它就是我們在 (18.8) 式中得到的同一結果。對變動電場取積分,與對導線內的電流取積分,會得到相同的磁場。當然,這正是馬克士威方程式所敘明的。我們只要對圖 18-2(b) 中由圓周 Γ_1 包圍的兩個面 S_1 和 S_1' 運用相同的論據,就很容易看出結果永遠都應如此。穿過 S_1 的有電流 I,但沒有電通量。而穿過 S_1' 的則沒有電流,但是有以變化率 I/ϵ_0 在變動化的電通量。假如我們將方程式 IV 用於任一個面,都會得到相同的 **B**。

從我們迄今對馬克士威的新項所作的討論,讀者可能會認為它並沒有增加多少東西 —— 它只是將方程組修補成符合我們已經預期到的結果。誠然,假如我們只是**單獨**考慮方程式 IV,並不會發現任何特別的新東西。然而,「**單獨**」這個詞非常重要。馬克士威在方程式 IV 中所作的小改變,在與**其他方程式結合起來**時,確實會產生不少全新而又重要的東西。但是,在我們討論這些事物之前,我們想對表 18-1 多談一些。

18-3 古典物理學的全部

表 18-1 列舉了我們對基礎**古典**物理學的全部所知,古典物理學即我們在 1905 年之前就知道的物理學。這裡將它全都列在一個表裡。有了這些方程式,我們便能理解古典物理學的整個領域。

首先,我們有馬克士威方程組 —— 同時寫成詳盡的文字形式和簡短的數學形式。接著有電荷守恆律,它甚至給寫在括號內,因為一旦我們有了完整的馬克士威方程組,就可由它們導出電荷守恆律。所以此表還略顯冗長。其次,我們寫出了力的定律,因為就算

知道了全部的電場與磁場還是沒有什麼用處，除非我們知道它們對電荷有何種作用。可是，知道了 **E** 和 **B**，我們就能找出作用在電荷為 q、且以速度 v 運動的物體上的力。最後，就算有了力，仍無法告訴我們任何事，除非知道當力推動某物時會發生什麼事；我們需要運動定律，那就是力等於動量的變化率。（還記得嗎？我們在第 I 卷中就提過了。）我們甚至把動量寫成 $p = m_0 v \sqrt{1 - v^2/c^2}$，而將相對論效應也包括在內。

假如我們真的希望完整無缺的話，就必須再增加一條定律──牛頓的重力定律，所以我們將它列於該表最後。

於是，在一個小小的表裡頭，我們就擁有了古典物理學的全部基本定律──甚至有空間用文字把它們寫出來，並且還有一些累贅的地方。這是一個偉大的時刻。我們已爬上了一座高峰。我們正位於世界第二高峰 K2 峰上──我們幾乎就可以去攀登埃佛勒斯峰，也就是量子力學。我們已登上了「大分水嶺」的頂峰，現在可以從另一側下山了。

我們在前面主要是試圖學習如何去理解那些方程式。現在我們有了拼攏在一起的整件東西，正要研究這些方程式具有何種意義──它們能告訴我們前所未見的新東西。我們持續辛勤工作才達到這一地步。這真是辛苦的工作，但現在我們正準備輕鬆下山，一面觀賞這一成就的所有結果。

18-4 行進場

現在就來談談新結果。它們來自於把所有馬克士威方程式拼攏在一起。首先，讓我們來看，在我們挑選的特別簡單的情況下，會發生什麼事。假定所有的量都只在一個座標上變化，我們便有了一

維的問題。這種情況示於圖 18-3 中。

我們有位於 yz 平面上的一片電荷。這片電荷起初是靜止的，然後瞬間得到平行 y 軸的速度 u，並保持這個速度等速前進。你們可能擔心怎麼會得到如此「無限大的」加速度，但這實際上並不要緊；只要想成速度很快給提高到 u 即可。於是我們突然有了面電流 J（J 是 z 方向上每單位寬度的電流）。為了使問題簡單化，我們假定還有一片具相反電性的固定電荷疊加在 yz 平面上，因而不存在任何靜電效應。此外，雖然我們在圖中只呈現出在有限範圍內發生的事情，但你們應將這片電荷想成在 $\pm y$ 和 $\pm z$ 方向上均延伸至無限遠處。換句話說，我們的情況是原本沒有電流，接著突然間就有了一片均勻的電流。如此將會發生何事呢？

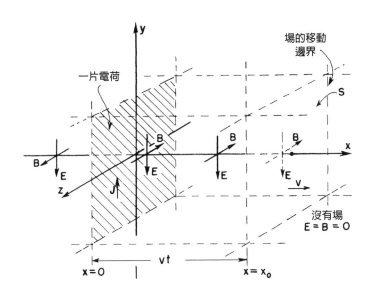

圖 18-3　無限大的一片電荷突然受到驅使，而平行於本身運動。這樣就會有電場與磁場從這片電荷以恆定速率傳播出去。

嗯，當在正 y 方向上有一片電流時，如我們所知，對 $x > 0$ 的區域將產生沿負 z 方向的磁場，而對 $x < 0$ 的區域則會有反向的磁場。我們可利用磁場的線積分等於電流除以 $\epsilon_0 c^2$ 這一事實，來找出 $\boldsymbol{B}$ 的大小。我們將得到 $B = J/2\epsilon_0 c^2$（因為在寬度為 w 的條片上，電流 I 等於 Jw，而 $\boldsymbol{B}$ 的線積分則為 $2Bw$）。

這為我們給出了緊鄰該片電荷處（指 x 值很小的地方）的磁場，但由於我們設想的是無限大的一片，我們將預期相同的論證也該給出在較遠處即 x 值更大之處的磁場。可是，這意味著在我們接通電流時，每一處的磁場都突然從零變到有限值。但等一等！假如磁場突然改變，將造成巨大的電效應。（只要磁場以**任何**方式改變，都會有電效應。）於是，因為我們移動了該片電荷便造成一個變化的磁場，因而也必定會生成電場。假如有電場生成，它們應當從零開始而變化到某一個量值。這樣就將有 $\partial \boldsymbol{E}/\partial t$，它與電流一道對磁場的產生均有貢獻。所以，各個方程式都會混起來，因而我們不得不試著同時求解所有的場。

假如只考察馬克士威方程組，並不容易直接看出如何求得答案。因此，我們先告訴你們答案是什麼，然後再證明它確實滿足那些方程式。答案如下：我們前面算得的 $\boldsymbol{B}$ 場，實際上，是在緊鄰該片電流的地方（指小 x 值之處）產生的。一定得這樣，因為假如我們作一個小迴路環繞該片，並不會有空間讓任何電通量穿過。但在較遠（x 較大）處的 $\boldsymbol{B}$ 場，起初等於零。它在片刻時間內保持為零，然後便突然增大。總之，我們接通電流，而緊鄰的磁場將升高至某一恆定值 B；然後 B 的生成又從源區擴展出去。一段時間後，在某一 x 值以內到處都有一個均勻的磁場，在更遠處則都等於零。由於對稱性，磁場將同時朝正 x 和負 x 兩個方向擴展出去。

$\boldsymbol{E}$ 場與此相同。在 $t = 0$（當我們接通電流時）之前，場處處為

零。接著在時間 t 之後，E 和 B 兩者直到距離 $x = vt$ 之內都是均勻的，再往外則爲零。這些場如同潮汐波那樣向前擴展，其波前以等速行進，此一速度事實上就是 c，但我們暫時就叫它作 v。E 或 B 的大小對 x 的圖形在時刻 t 的情形示於圖 18-4(a) 中。再回顧一下圖

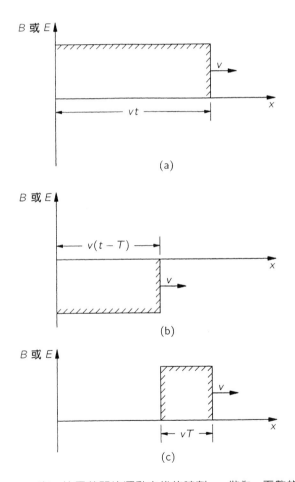

圖 18-4　(a) 在一片電荷開始運動之後的時刻 t，做爲 x 函數的 B（或 E）的大小；(b) 在 $t = T$ 時刻將一片電荷朝著負 y 方向移動後的場；(c) 爲 (a) 與 (b) 之和。

18-3，在時刻 t，介於 $x = \pm vt$ 之間的區域都「充滿」著場，但它們尚未達到更遠的地方。我們再次強調：我們假定電流片以及由此所生的場 E 和 B，在 y 和 z 兩方向上都延伸至無限遠處。（我們無法畫出無限大的片，所以只示出在有限區域內發生的事情。）

現在我們要定量分析所發生的事情。爲此，我們要考察兩個截面圖：一個是沿 y 軸向下看的俯視圖，如圖 18-5 所示；另一個是沿 z 軸往回望的側視圖，如圖 18-6 所示。我們從側視圖開始。我們看到該帶電片正往上移動；在 $+x$ 各處磁場都指向書內，在 $-x$ 各處磁場都指向書外；而電場則處處指向下——一直伸展至 $x = \pm vt$ 處。

接著，讓我們來看這些場是否符合馬克士威方程組。首先畫出供計算線積分用的一條迴路，比如圖 18-6 中示出的矩形 Γ_2。你們該會注意到，此矩形的一邊落在有場的區域內，但另一邊則落在場尚未到達的區域內。有一些磁通量穿過此迴路。假如通量正在變

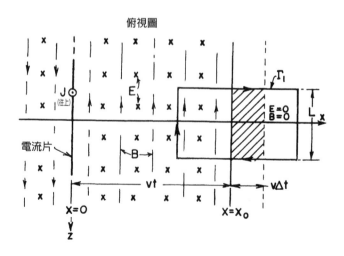

圖 18-5　圖 18-3 的俯視圖

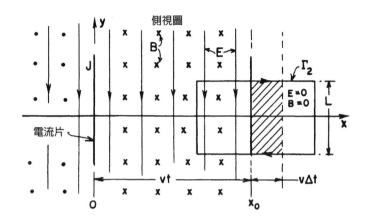

<u>圖18-6</u>　圖 18-3 的側視圖

化，則環繞此迴路應該有一電動勢。假如波前正在行進，將有正在
變化的磁通量，因爲 **B** 所在的區域正以速度 v 逐漸擴大。 Γ_2 內部
的通量等於 **B** 乘以在 Γ_2 之內有磁場存在的那一部分面積。由於 **B**
的大小恆定，通量的變化率就等於該量值乘以面積的變化率。面積
的變化率易於求得。若矩形 Γ_2 的寬度爲 L，其中有 **B** 存在的面積
在時間 Δt 內改變了 $Lv\Delta t$（見圖 18-6）。於是通量的變化率就是
BLv。按照法拉第定律，這應等於 **E** 環繞 Γ_2 的線積分，而那恰好就
是 EL。因此我們得到下式

$$E \;=\; vB \tag{18.10}$$

所以假若 **E** 對 **B** 的比值爲 v，則我們前面所假設的場就將滿足法拉
第方程式。

　　但那不是唯一的方程式；我們還有聯繫著 **E** 和 **B** 的另一個方程
式：

$$c^2 \nabla \times \boldsymbol{B} = \frac{\boldsymbol{j}}{\epsilon_0} + \frac{\partial \boldsymbol{E}}{\partial t} \qquad (18.11)$$

為應用此方程式,我們看看圖18-5的那個俯視圖。我們已經知道,此方程式將提供鄰近該片電流的 B 值。並且,對於畫在該片之外但在波前之後的任一條迴路,因為不存在 $\boldsymbol{B}$ 的旋度、或 $\boldsymbol{j}$、或變化中的 $\boldsymbol{E}$,所以 (18.11) 式在那裡是正確的。現在讓我們來看對圖18-5 中所示的,那條與波前相交的迴路 Γ_1 所發生的事情。這裡並沒有電流,因此 (18.11) 式可以用積分形式表成

$$c^2 \oint_{\Gamma_1} \boldsymbol{B} \cdot d\boldsymbol{s} = \frac{d}{dt} \int_{\text{在 } \Gamma_1 \text{內}} \boldsymbol{E} \cdot \boldsymbol{n} \, da \qquad (18.12)$$

$\boldsymbol{B}$ 的線積分正好是 B 乘以 L。$\boldsymbol{E}$ 通量的變化率僅來自前進中的波前。在 Γ_1 之內的面積($\boldsymbol{E}$ 在 Γ_1 之內不為零),正以 vL 這個速率在增大。於是 (18.12) 式中等號的右邊就是 vLE。該方程式變成了

$$c^2 B = Ev \qquad (18.13)$$

我們有如下一個解:在波前的後方的 $\boldsymbol{B}$ 和 $\boldsymbol{E}$ 都是恆量,兩者均與波前行進的方向垂直,且彼此之間也互相垂直。馬克士威方程組規定了 E 對 B 的比值。由 (18.10) 和 (18.13) 式可得

$$E = vB, \quad \text{與} \quad E = \frac{c^2}{v} B$$

但等會兒!我們找出了**兩個不同的** E/B 比值。我們所描述的這種場能否真正存在呢?當然,只有一個速度 v 可以使這兩個式子都成

立，那就是 $v = c$。波前一定要以速度 c 行進。這樣我們就有一個例子，其中來自電流的電效應是以某一有限速度 c 傳播。

現在我們想問：假如在經過一段短時間 T 之後，突然使帶電片的運動停下來，則會發生何事。我們可以用疊加原理看出會發生的事情。我們已經有一個原來爲零、後來才突然接通的電流。我們知道這種情況的解。現在我們要加上另一組場。我們取另一帶電片，並且只在啓動第一個電流經過 T 時間之後，才使它朝相反方向、以同一速率突然開始運動。這兩者相加起來的總電流起初爲零，然後接通了一段時間 T，之後又再中斷——因爲兩電流彼此抵消。於是我們得到一個電流的方形「脈衝」。

這一新的負電流產生了與正電流相同的場，只是所有的符號都相反，而且當然延遲了時間 T。再次有一個波前以速度 c 向外行進。在 t 時刻，它已抵達 $x = \pm c(t - T)$ 處，如圖 18-4(b) 示。因此我們有兩「塊」場以速率 c 向外推進，正如圖 18-4 的 (a) 和 (b) 兩部分所示。合成場則示於該圖的 (c) 部分。場在 $x > ct$ 處等於零，在 $x = c(t - T)$ 與 $x = ct$ 之間等於恆量（我們在前面已找到其值），而在 $x < c(t - T)$ 處又等於零。

總之，我們有一小塊場——厚度爲 cT 的那一塊——離開了電流片，而獨自穿越空間。場已經「起飛」了；它們正自由跨越空間而傳播，與源頭不再有任何方式的關聯。毛毛蟲已經蛻變成蝴蝶！

這束電場與磁場如何能維持自身呢？答案是：依靠法拉第定律 $\nabla \times E = -\partial B/\partial t$，以及馬克士威的新項 $c^2 \nabla \times B = \partial E/\partial t$ 的聯合效應。它們不得不維持自身的存在。假設磁場即將消失。這就會有一個變動的磁場，而變動磁場又會產生一個電場。假如這個電場也要消失，則這變動電場將再度產生磁場。因此靠著不斷的交互作用——在一種場和另一種場間猛然來回變化，它們將永遠持續下去。

它們不可能消失。* 它們以一種舞步維持自身，一者引出另一者，第二者又引出第一者，並穿越空間向前傳播。

18-5 光 速

我們有一個離開物質源、且以速度 c 向外行進的波，而 c 就是光速。但讓我們略做一下回顧。從歷史的觀點來說，當初人們並不知道馬克士威方程組中的係數 c 就是光傳播的速率。它不過是方程組中的一個常數。我們從一開始就把它叫做 c，因為我們知道它終將是什麼。假如先讓你們學習了使用另一個常數的公式，一直到 c 出現之後，才將 c 放回方程式，我們不認為這樣做是通情達理的。然而，就電學和磁學的角度而言，我們只是從兩個常數 ϵ_0 和 c^2 出發，它們分別出現在電學和磁學的方程式中：

$$\boldsymbol{\nabla} \cdot \boldsymbol{E} = \frac{\rho}{\epsilon_0} \qquad (18.14)$$

和

$$\boldsymbol{\nabla} \times \boldsymbol{B} = \frac{\boldsymbol{j}}{\epsilon_0 c^2} \qquad (18.15)$$

假若我們對單位電荷採用**任意的**定義，我們便可從實驗上確定 (18.14) 式中所要求的常數 ϵ_0 ——例如利用庫侖定律測量兩個靜止的單位電荷間的力。我們也必須從實驗上決定出現在 (18.15) 式中的常

---

*原注：嗯，也不盡然。假如它們到達有電荷存在的區域，便可能被「吸收」。我們說的是，其他的場可以在某處產生，它們與原來的場相疊加，並藉著破壞性干涉而將其「抵消」掉（見第 I 卷第 31 章）。

數 $\epsilon_0 c^2$，這可測量諸如兩單位電流之間的力而求得。（單位電流意指每秒通過一單位電荷。）這兩個實驗常數的比值是 c^2——這只不過是另一個「電磁常數」。

現在請注意：無論我們選什麼做為電荷單位，此一常數 c^2 都是相同的。假如我們以兩倍的「電荷」——比如質子電荷的兩倍——做為電荷的「單位」，則 ϵ_0 必須只有原來的四分之一大。當我們使兩個這樣的「單位」電流通過兩根導線時，在每根導線中每秒通過的「電荷」將是兩倍，因此兩導線之間的作用力將成為四倍大。常數 $\epsilon_0 c^2$ 必須減為四分之一。但 $\epsilon_0 c^2 / \epsilon_0$ 此一比值並未改變。

因此我們只由電荷與電流的實驗就可求得一個數字 c^2，它就是電磁影響的傳播速度之平方。從靜態測量——靠測量兩單位電荷間與兩單位電流間的力，我們求得 $c = 3.00 \times 10^8$ 公尺／秒。當馬克士威首次由其方程組作出以上計算時，他說到，電場和磁場束均應以此一速率傳播。他也留意到此一速率與光速相同這一神奇的巧合。馬克士威說：「我們大概無法避免下述推論：光存在於造成電和磁現象的同一介質之橫向波盪。」

馬克士威完成了物理學上一項偉大的統一。在他之前，既有光，也有電和磁。後兩者是由法拉第（Michael Faraday）、厄斯特（Hans Christian Oersted）與安培（André-Marie Ampère）的實驗而統一的。然後，突然間，光不再是「其他東西」，而只是下述新型式的電和磁——獨自穿越空間而傳播的一小塊電場和磁場。

我們曾提醒過大家，要注意這一特解的某些特徵，然而事實證明它們對**任何**電磁波都是真確的：磁場垂直於波前運動的方向；電場也同樣垂直於波前運動的方向；而且 E 和 B 這兩個向量彼此垂直。此外，電場大小 E 等於磁場大小 B 的 c 倍。這三項事實——兩種場都垂直於傳播方向，B 垂直於 E，且 $E = cB$——對任意電磁波

都普遍成立。我們的特殊情況是一個好例子，它呈現了電磁波的所有主要特點。

18-6 解馬克士威方程組；位勢與波動方程

現在我們願意做一些數學工作；我們想將馬克士威方程組寫成較簡單的形式。你可能會認為我們正使其複雜化，但若你能稍微忍耐片刻，它們就會突然變得更為簡單。雖然此時你已徹底熟悉馬克士威方程組中的每一個式子，但仍有許多部分必須全部拼攏到一起。這就是我們想要做的。

我們從 $\nabla \cdot B = 0$ 這個最簡單的方程式開始。我們知道，這意味著 B 是某種東西的旋度。所以，假如我們寫出

$$B = \nabla \times A \tag{18.16}$$

我們便解出了馬克士威方程組的一個方程式。（順帶提一下，你們知道：若另一向量 $A' = A + \nabla \psi$ —— 其中 ψ 為任一純量場，則 A' 仍會使上式成立，因為 $\nabla \psi$ 的旋度為零，因而 B 還是一樣。我們先前在第 14-1 節已談論過這一點。）

其次，我們考慮法拉第定律 $\nabla \times E = -\partial B/\partial t$，因為它不涉及任何電流或電荷。假如將 B 寫成 $\nabla \times A$，並對 t 微分，我們可將法拉第定律寫成如下形式：

$$\nabla \times E = -\frac{\partial}{\partial t} \nabla \times A$$

因為我們可以先對時間或空間微分，上式也可寫成

$$\nabla \times \left(E + \frac{\partial A}{\partial t} \right) = 0 \tag{18.17}$$

由此可見 $E + \partial A/\partial t$ 是旋度為零的向量。因此這一向量是某種東西的梯度。當我們討論靜電學時，曾有 $\nabla \times E = 0$ 這個式子，於是我們斷定 E 本身是某種東西的梯度，並將它取成 $-\phi$ 的梯度（負號是為了技術上的方便）。我們對 $E + \partial A/\partial t$ 也做同樣處理；即令

$$E + \frac{\partial A}{\partial t} = -\nabla\phi \qquad (18.18)$$

我們採用了同一符號 ϕ，以便在其中沒有出現任何東西隨時間變化、因而 $\partial A/\partial t$ 消失的靜電情況，E 會回到從前的 $-\nabla\phi$。因此法拉第方程式可表成如下形式：

$$E = -\nabla\phi - \frac{\partial A}{\partial t} \qquad (18.19)$$

我們已經解出馬克士威方程組的兩個方程式，並發現要描述電磁場 E 和 B 共需要四個位勢函數：一個純量勢 ϕ 和一個向量位勢 A，後者當然是三個函數。

現在既然 A 決定了部分的 E 和全部的 B，那麼當我們將 A 變成 $A' = A + \nabla\psi$ 時會發生何事呢？一般說來，假如我們未特別事先留心的話，E 將會改變。然而，我們仍可容許 A 依上述方式改變，而不致影響 E 和 B——亦即，不影響物理內涵——只要我們總是按下列法則一起改變 A 和 ϕ：

$$A' = A + \nabla\psi, \qquad \phi' = \phi - \frac{\partial\psi}{\partial t} \qquad (18.20)$$

這樣，不論 B 或由 (18.19) 式所求出的 E 都不會改變。

先前，我們選取 $\nabla \cdot A = 0$，以使靜電學方程組變得稍微簡單些。現在我們不再這樣做，而採納另一種選擇。但在說出這個選擇是什麼之前，我們將稍待片刻，因為以後就明白為何要做這種選擇。

現在回到餘下的兩個馬克士威方程式，它們將給出位勢與源 ρ 及 j 之間的關係。一旦我們從電流與電荷確定出 A 和 ϕ，就總是能從(18.16)和(18.19)式得到 E 和 B，於是我們將有另一種形式的馬克士威方程組。

首先將(18.19)式代入 $\nabla \cdot E = \rho / \epsilon_0$ 中，我們得到

$$\nabla \cdot \left(-\nabla\phi - \frac{\partial A}{\partial t} \right) = \frac{\rho}{\epsilon_0}$$

上式也可寫成

$$-\nabla^2\phi - \frac{\partial}{\partial t} \nabla \cdot A = \frac{\rho}{\epsilon_0} \qquad (18.21)$$

這是將 ϕ 和 A 聯繫到源的方程式。

最後一個方程式將是最繁雜的。我們先將第四個馬克士威方程式重寫成

$$c^2 \nabla \times B - \frac{\partial E}{\partial t} = \frac{j}{\epsilon_0}$$

然後利用(18.16)和(18.19)式，以位勢代替 E 和 B，可得

$$c^2 \nabla \times (\nabla \times A) - \frac{\partial}{\partial t}\left(-\nabla\phi - \frac{\partial A}{\partial t} \right) = \frac{j}{\epsilon_0}$$

利用代數恆等式 $\nabla \times (\nabla \times A) = \nabla(\nabla \cdot A) - \nabla^2 A$ 改寫第一項，我們得到

$$-c^2\nabla^2 A + c^2\nabla(\nabla \cdot A) + \frac{\partial}{\partial t} \nabla\phi + \frac{\partial^2 A}{\partial t^2} = \frac{j}{\epsilon_0} \qquad (18.22)$$

這可不是很簡單！

　　幸運的是，我們現在可以利用任意選擇 A 的散度這個自由。我們以下就利用這一選擇將事情理好，使得 A 和 ϕ 的方程式分開，而又具有相同的形式。爲此，我們可選取下述規定★

$$\boldsymbol{\nabla} \cdot \boldsymbol{A} = -\frac{1}{c^2}\frac{\partial \phi}{\partial t} \qquad (18.23)$$

當我們這樣做時，(18.22) 式中關於 A 和 ϕ 的中間兩項便互相抵消，因而該式將變得簡單許多：

$$\nabla^2 \boldsymbol{A} - \frac{1}{c^2}\frac{\partial^2 \boldsymbol{A}}{\partial t^2} = -\frac{\boldsymbol{j}}{\epsilon_0 c^2} \qquad (18.24)$$

而我們關於 ϕ 的 (18.21) 式也將有相同的形式：

$$\nabla^2 \phi - \frac{1}{c^2}\frac{\partial^2 \phi}{\partial t^2} = -\frac{\rho}{\epsilon_0} \qquad (18.25)$$

　　多麼漂亮的一組方程式啊！它們之所以漂亮，首先是它們相互分開得很好——電荷密度屬於 ϕ；電流則屬於 A。而且，雖然等號左側看起來有些古怪——拉普拉斯算符加上一個 $(\partial/\partial t)^2$ 項，但當我們將其全部展開時，卻會看到

$$\frac{\partial^2 \phi}{\partial x^2} + \frac{\partial^2 \phi}{\partial y^2} + \frac{\partial^2 \phi}{\partial z^2} - \frac{1}{c^2}\frac{\partial^2 \phi}{\partial t^2} = -\frac{\rho}{\epsilon_0} \qquad (18.26)$$

上式在 x、y、z、t 間有很好的對稱性——$-1/c^2$ 是必要的，因爲時間和空間當然是不同的：它們具有不同的單位。

　　馬克士威方程組已經將我們引到關於位勢 ϕ 和 A 的一類新方程式，但所有四個函數 ϕ、A_x、A_y、A_z 都具有相同的數學形式。一旦我們學會如何求解這些方程式，便可從 $\boldsymbol{\nabla} \times \mathrm{A}$ 和 $-\boldsymbol{\nabla}\phi - \partial A/\partial t$ 得

　　★原注：選取 $\boldsymbol{\nabla} \cdot \boldsymbol{A}$，稱爲「選取一種規範」。加上 $\boldsymbol{\nabla}\psi$ 以改變 A，稱爲「規範變換」。(18.23) 式稱爲「勞侖茲規範」(Lorenz gauge)。

到 **B** 和 **E**。我們擁有與馬克士威方程組完全等價的另一種形式的電磁定律，而在許多場合中，它們遠便於處理。

事實上，我們曾解過一個與(18.26)式非常類似的方程式。當我們在第 I 卷第 47 章中研討聲音時，曾有一個如下形式的方程式：

$$\frac{\partial^2 \phi}{\partial x^2} = \frac{1}{c^2}\frac{\partial^2 \phi}{\partial t^2}$$

並且我們得知，它描述了在 x 方向上以速率 c 傳播的波。(18.26)式是三維空間中對應的波動方程式。所以在那些不再有電荷與電流的區域內，這些波動方程式的解**並非** ϕ 和 **A** 都等於零。（雖然這確實是可能的解。）有一些解，其中有某組 ϕ 和 **A** 隨時間變化、但總是以速率 c 向外運動。這些場穿越自由空間向前行進，正如本章開頭那個例子中的情形。

在方程式 IV 中加入馬克士威的新項，我們就能將場方程組用 **A** 和 ϕ 寫成一種簡單且使電磁波的存在豁然顯現的形式。就許多實用目的而言，採用原來以 **E** 和 **B** 表出的方程式仍然是方便的。但它們位在我們已攀登的那座山的另一側。現在，我們已準備好要跨越頂峰到另一邊去。事情看起來將會不同——我們隨時會看到一些新奇且美妙的景色。

第19章

最小作用量原理

專題演講（幾乎是逐字逐句照錄*）

　　念中學時，我的物理老師 —— 他叫做巴德先生 —— 有一次在物理課之後叫住我說道：「看來你覺得上課很無聊，我要給你講點有趣的東西。」他告訴我的那一件事，果然令人神往，並且自那時起，始終那麼引人入勝。每次碰到這個主題時，我就會一頭栽進去。事實上，當我開始準備這次講演時，發現自己忍不住對這個問題做更詳盡的分析。我的心思不在這一次演講，而是已捲入到另一個新的問題中去了。這個主題就是 —— 最小作用量原理（principle of least action）。

　　巴德先生這樣告訴我：假定有一質點（例如，在某重力場中）通過自由運動，從某處移動到另一處 —— 你把它拋擲出去，它會上升而又落下。

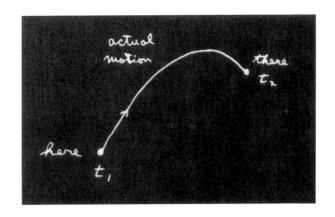

　　*原注：這篇專題講演的內容與以後各章無關 —— 這是純為「娛樂」目的而講的。

它在一定時間內，由初始的位置到達最後的地方。現在，你嘗試另一種運動。假設由這裡到達那裡是如圖這樣進行的，

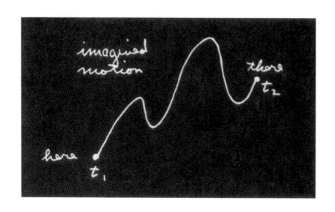

但是所用的時間卻正好相同。然後，他又這樣說：假如你算出路徑上每一時刻的動能，減去位能，再計算出在經歷整條路徑期間它對時間的積分，你將會發現，所獲得的數值比實際運動所獲得的數值**要大**。

換句話說，牛頓定律可以不寫成 $F = ma$ 的形式，而表述成：物體從一點至另一點所走的路徑，應使其平均動能減去平均位能的值盡可能的小。

讓我把這裡面的意義說得更清楚些。倘若我們考慮重力場的情況，那麼假如粒子的路徑為 $x(t)$（我們暫時只考慮一維，即是一條升高、下降，但不會側斜的軌跡），其中 x 是地面算起的高度，則動能為 $\frac{1}{2}m(dx/dt)^2$，而在任一時刻的位能為 mgx。現在我沿該路徑從頭到尾在每一時刻取動能，減去位能，再對時間進行積分。假定我們在起始時刻 t_1 由某一高度出發，並在結束時刻 t_2 確實到達了另外某一點。

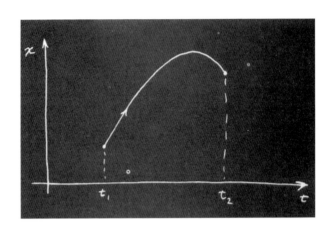

那麼這積分就是

$$\int_{t_1}^{t_2} \left[\frac{1}{2}\, m \left(\frac{dx}{dt} \right)^2 - mgx \right] dt$$

實際的運動是某種曲線——假如對時間作圖，它是一條拋物線——並且對其積分會給出一個確定的值。但我們也可以**設想**另一種運動，它升得很高，而且以某種奇特的方式上升和下降。

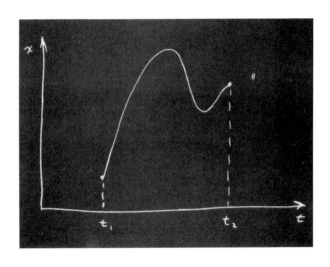

我們可以算出動能減去位能,並對這麼一條路徑,或其他任何我們設想的路徑積分。

令人詫異的是,真正的路徑就是會使這一積分得到最小值的那一條路徑。

我們來試試看。首先,假定我們取一個完全沒有位能的自由質點的情況。那麼,該法則講:在給定時間內,從一點跑至另一點的過程中,若動能的積分要是最少的,它一定要以等速率行進。(我們知道這是正確的答案——以等速率行進。)

為什麼是這樣呢?因為假如質點以任何其他方式運動,則其速度將有時比平均值高,有時比平均值低。因為它一定要在給定的時間內由「這裡」到達「那裡」,所以每種情況下的平均速度都是相同的。

舉一個例子,比如你的任務是開車在給定時間內從家裡到達學校。你可以用幾種方式做到:你可以一開始就發瘋似的加速,然後在接近終點時用煞車減速;或者你可以等速前進;甚至你可以向後走一會兒,然後再往前開;如此等等。

重點是:平均速率當然必須是你所經過的總距離除以所用的時間。但假如你用盡各種方式,偏偏就是不以等速前進,那麼你有時會太快,有時則太慢。如你所知,在平均值附近、而略有偏差的某事件,其**方均**(mean square)恆大於平均值的平方;倘若你開車的速度不保持一定,那麼動能的積分就總比你用等速度開車時為高。

所以我們看到,若速度固定不變(沒有力的時候),則該積分就是最小值。正確的路徑像這樣。

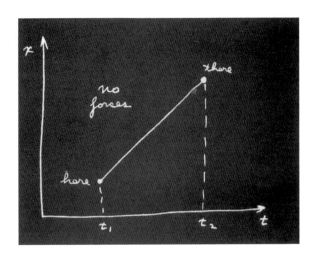

　　現在，在重力場中被上拋的物體，的確會先上升得較快，然後逐漸放慢。這是因為物體還具有位能，而就平均而言，我們必須有最小的動能與位能之差。由於在空中上升時位能增大，故若我們能盡快上升到高位能的地方，則將獲得較小的差值。這樣我們就可以將該位能從動能那裡扣除出去，從而獲得較低的平均值。所以最好是選取能夠升得高，因而可以從位能處得到很多負值的那一條路徑。

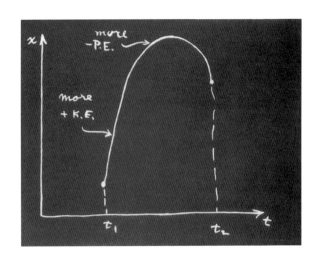

　　另一方面，你也不能夠上升得太快，或跑得太遠，因爲這麼一來，你將會包含過多的動能——你得很快到達高處，然後在可利用的規定時間裡再落下來。所以你不希望升得太高，但總要升到某個高度。因此事實證明，答案是在試圖獲得更多的位能與最少的額外動能之間取得平衡——以試圖使得動能減去位能的差盡可能小。

　　以上就是我的老師告訴我的全部內容，因爲他是非常好的教師，並懂得在什麼時候應停止談話。但我還不懂何時該結束談話；所以並不會只留下有意思的評論，我將藉著證明它確是如此，而用生活中的複雜性來使你感到恐懼和厭惡。我們將遇到的數學問題會十分困難，而且是嶄新的主題。我們有某一個稱爲**作用量**（action）S 的量，是動能減去位能後對時間的積分。

$$作用量 = S = \int_{t_1}^{t_2}（動能 - 位能）\, dt$$

記住，動能與位能兩者都是時間的函數。對應於各條可能路徑，這個作用量有不同的值。我們的數學問題是，找出使這個數值最小的那一條曲線。

　　你會說——喔，那不過是普通微積分的最大值和最小值問題罷了。在計算出作用量後，只要對它微分就能找出那個最小值。

　　但是要小心。通常我們只是探討某變數的函數，找出使該函數爲最小或最大的那個**變數**值。比方說，我們有一根棒子，在其中間已加熱，因而熱能向四周擴散。棒上的每一點都有一個溫度，而我們必須找出溫度最高的那一點。但現在對應於**空間中的每一條路徑**，各有一個數值——這是非常不同的事情——而我們得找出那一條會使該數值最小的**空間路徑**。這是完全不同的數學分支領域。它並不是普通的微積分。事實上，這稱爲**變分學**（calculus of variations）。

有許多問題屬於這一類數學。例如，圓周通常定義爲，到某固定點的距離爲常數的所有點的軌跡；但還有另一種定義圓周的方法：圓周是**給定某長度**、而包圍出最大面積的那條曲線。對於某給定周長來說，任何其他曲線所包圍的面積都比圓周所包圍者要小。因此若我們提出這樣一個問題：試求給定周長而能包圍最大面積的那條曲線，我們就會有一個變分學問題 —— 與你們熟悉者有所不同的一種微積分。

因此，我們對一物體的路徑來作計算。這裡介紹一下我們即將用的方法。概念如下：設想有一條正確的路徑，而我們畫出的任何其他曲線都是錯誤的路徑，若我們算出錯誤路徑的作用量，將得到比由正確路徑算得的作用量更大的數值。

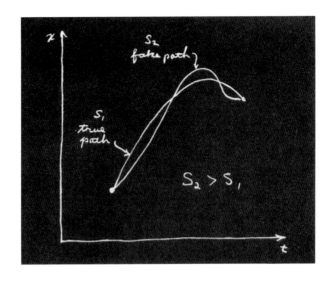

問題：試找出眞實的路徑。它到底在哪裡？當然，一種方法是去算出千千萬萬條路徑上的作用量，再找出哪一者是最小的。當你

找到最小者時，它就是眞實的路徑。

　　這是一種可能，但有更高明的做法。當具有最小值的量存在時，例如像溫度那樣的普通函數，最小值有如下這麼一種性質：若變數偏離最小值位置一點點，至**第一**階，則函數與最小值的偏差僅至**第二**階。在曲線的任何其他部分，若位置移動了一個小距離，則函數值的改變也將是第一階的。但在最小處，在第一階近似之下，微小的偏離並不會改變函數。

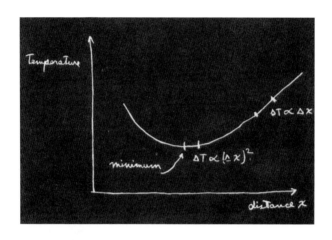

　　這就是我們將用來計算眞實路徑的方法。假若我們已有眞實路徑，那麼與它只有微小差別的一條曲線，其作用量在第一階近似下將不會造成什麼差別。若確實有一最小值的話，則任何差別都將在第二階近似上。

　　那是容易證明的。若當我們以某種方式使曲線偏離時發生第一階的變化，而作用量有一與該偏離**成正比**的變化。這變化應該會使作用量變得更大，否則我們就不會有一個最小值了。但是若該變化與偏離量**成正比**，則改變偏離量的正負號會使作用量變得較小。我

們將會得到這樣的作用量，沿一條路徑它將增加，而沿另一條路徑它會減少。所以作用量眞正成爲最小値的唯一路徑是，作用量在**第一階**近似下不造成任何改變的路徑，即作用量的改變與對眞實路徑偏離的平方成正比。

所以我們就這樣來做：我們稱 $\underline{x(t)}$（下邊加底線）爲眞實路徑──即我們試圖要尋找的。我們取某條嘗試路徑 $x(t)$，它與眞實路徑微小的差別，我們稱此差別爲 $\eta(t)$（讀作 eta of t）。

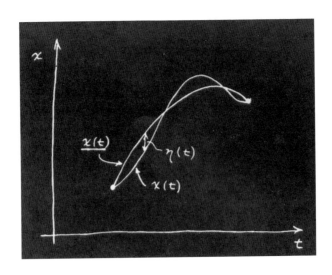

現在我們的想法是：若針對路徑 $x(t)$ 計算其作用量 S，則這個 S 與我們對路徑 $\underline{x(t)}$ 所算出的作用量（爲了簡化寫法，我們稱它爲 $\underline{S}$）之差，即 S 與 $\underline{S}$ 之差在小 η 的第一階近似下應等於零。這個差可以是第二階，但在第一階近似下，這個差必須爲零。

而這對於任何一個 η 都必須成立。噢，未必盡然。這方法不具有任何意義，除非你所考慮的各路徑彼此都有相同的起點和終點──每條路徑都在 t_1 時刻從某點出發，而在 t_2 時刻到達另一點，這

些地點和時間都保持固定不變。因此,我們的偏離 η 在每一端點都應等於零,即 $\eta(t_1) = 0$ 和 $\eta(t_2) = 0$。有了這條件,我們的數學問題才告確定。

要是你完全不懂微積分,為了求一普通函數 $f(x)$ 的最小值,你或許也是這樣做。你可能會討論對 $f(x)$ 中的 x 加一小量 h 後會發生的情況,並論證以 h 的一次冪對 $f(x)$ 的修正在最小值處必然等於零。你會以 $x + h$ 取代 x,並展開至 h 的一次冪……正如我們將要對 η 做的那樣。

於是我們的想法是:將 $x(t) = \underline{x(t)} + \eta(t)$ 代入作用量公式中:

$$S = \int \left[\frac{m}{2} \left(\frac{dx}{dt} \right)^2 - V(x) \right] dt$$

式中 $V(x)$ 表示位能。而 dx/dt 這個導數當然就是 $x(t)$ 的導數加上 $\eta(t)$ 的導數,所以對於作用量,我得到這個式子

$$S = \int_{t_1}^{t_2} \left[\frac{m}{2} \left(\frac{d\underline{x}}{dt} + \frac{d\eta}{dt} \right)^2 - V(\underline{x} + \eta) \right] dt$$

現在我必須寫得更詳盡些。對於平方項,我得到

$$\left(\frac{d\underline{x}}{dt} \right)^2 + 2\, \frac{d\underline{x}}{dt}\, \frac{d\eta}{dt} + \left(\frac{d\eta}{dt} \right)^2$$

可是請等一等。我並不在意高於一次冪的項,因而將所有包含 η^2 與更高次冪的項都取出來,並放進一個標明「二階與更高階項」的小箱子中。從上式中的這一平方項我只得到二次冪,但從其他方面還可得到更多其他的東西。因此動能部分就是

$$\frac{m}{2}\left(\frac{dx}{dt}\right)^2 + m\,\frac{dx}{dt}\frac{d\eta}{dt} + （二階與更高階項）$$

現在我們需要一個在 $x+\eta$ 處的位能 V。我認為 η 是小量，因而可以將 $V(x)$ 寫成泰勒級數。它近似於 $V(\underline{x})$；在下一階近似中（按導數的通常性質），修正量應該是 η 乘以 V 對 x 的變化率，如此等等：

$$V(\underline{x}+\eta) = V(\underline{x}) + \eta V'(\underline{x}) + \frac{\eta^2}{2}\,V''(\underline{x}) + \cdots$$

為了簡化書寫，我已將 V 對 x 的導數寫成 V'。至於 η^2 項及其後面各項則都落在「二階與更高階項」的範疇內，我們不需為它們操心。將所有這一切都合起來，得到

$$S = \int_{t_1}^{t_2}\left[\frac{m}{2}\left(\frac{dx}{dt}\right)^2 - V(\underline{x}) + m\,\frac{dx}{dt}\frac{d\eta}{dt}\right.$$
$$\left. - \eta V'(\underline{x}) + （二階與更高階項）\right]dt$$

現在，假若我們對事情觀察得仔細些，則會看到我在這裡整理好的頭兩項相當於用真實路徑 $\underline{x}$ 計算出來的作用量 $\underline{S}$。而我要集中注意力的東西乃是 S 的變化——S 與對正確路徑所應得的 $\underline{S}$ 之間的差。我們將此差寫成 δS，並稱之為 S 的變分。略去那些「二階與更高階項」，對於 δS 得

$$\delta S = \int_{t_1}^{t_2}\left[m\,\frac{dx}{dt}\frac{d\eta}{dt} - \eta V'(\underline{x})\right]dt$$

　　現在的問題是：這裡是某個積分。雖然我還不知道 x 是什麼，但我確實知道，**不管 η 是什麼**，這一積分必須等於零。噢，你試想想，這件事可能發生的唯一方式，就是乘上 η 的部分必須是零。可是含有 $d\eta/dt$ 的第一項又怎麼樣呢？噢，歸根結柢，既然 η 可能是任何變數，它的導數也是任何變數，因而你可以斷定 $d\eta/dt$ 的係數也必定等於零。這並非完全正確。之所以非完全正確，是因為 η 與它的導數之間存在聯繫；它們並非完全獨立，因而 $\eta(t)$ 必須在 t_1 和 t_2 兩個時刻都等於零。

　　在變分學中解決一切問題的方法，總是要用到相同的普遍原理。即首先對你要變化的東西做一個推移（像我們在上文透過加 η 而做到的那樣），旨在尋找一階的項；**然後又**總是把積分安排成含有「某種東西乘以推移（η）」的形式，而其中又不含有其他導數（沒有 $d\eta/dt$）。為此必須重新安排，以使得情況總是「某件東西」乘以 η。過一會兒，你就會看出這樣做的巨大價值。（有一些公式能告訴你，在某些情況下，如何不經實際計算就能獲得結果，但這些公式都不夠普遍，所以不值得你去關注；最好的辦法，就是按照上述這一種方法把它算出來。）

　　我怎樣才能將 $d\eta/dt$ 重新安排，使其含有 η 呢？我透過部分積分就能做到。變分學的全部技巧就在於先寫下 S 的變分，然後利用部分積分使得 η 的導數消去。在導數會出現的每個問題中，總是採用相同的辦法。

　　你回憶一下部分積分的一般原理。假若你有任何函數 f 乘以 $d\eta/dt$，並對 t 積分，你可以將 ηf 的導數寫成

$$\frac{d}{dt}(\eta f) = \eta \frac{df}{dt} + f \frac{d\eta}{dt}$$

你所要的積分是對末一項所積的,因而有

$$\int f \frac{d\eta}{dt}\,dt \;=\; \eta f \,-\, \int \eta\,\frac{df}{dt}\,dt$$

在我們關於 δS 的公式中,函數 f 是 m 乘以 dx/dt;因此,我得到下列關於 δS 的公式:

$$\delta S \;=\; m\,\frac{d\underline{x}}{dt}\,\eta(t)\bigg|_{t_1}^{t_2} \,-\, \int_{t_1}^{t_2} \frac{d}{dt}\left(m\,\frac{d\underline{x}}{dt}\right)\eta(t)\,dt$$

$$-\int_{t_1}^{t_2} V'(\underline{x})\,\eta(t)\,dt$$

首項必須在 t_1 和 t_2 兩個極限上算出來。然後,我還必須對那個從部分積分剩下來的部分做積分。末項則是照抄下來的,沒有什麼改變。

現在碰上一件總會發生的事情——積出的部分消失了。(事實上,假若被積出的部分不消失,則你就應當堅持該原理,並加上一些條件以確保其消失!)我們已經說過,在路徑兩端 η 必須是零,因為該原理要求:只有在變化曲線開始並終結於選定的點時,作用量才是最小值。這條件就是 $\eta(t_1)=0$ 和 $\eta(t_2)=0$;所以該項積分結果為零。我們將其他各項都集合起來,並得到

$$\delta S \;=\; \int_{t_1}^{t_2}\left[-m\,\frac{d^2\underline{x}}{dt^2}\,-\,V'(\underline{x})\right]\eta(t)\,dt$$

S 的變分現在就成為我們所希望得到的形式了——在中括號內的各項,比方說 F,全部乘上了 $\eta(t)$,並從 t_1 積至 t_2。

我們得到了某種東西乘以 $\eta(t)$ 的積分總是等於零:

$$\int F(t)\, \eta(t)\, dt \,=\, 0$$

我有 t 的某個函數，我將它乘上 $\eta(t)$；而且我從一端至另一端對它
積分。而不論 η 是什麼，我都得到零。這意味著函數 $F(t)$ 等於零。
儘管這很明顯，但無論如何，我將向你展示一種證明方法。

假設我選取除了某一特定值 t 外、其餘一切 t 上，$\eta(t)$ 都等於零
的某變數。在到達這個 t 前，$\eta(t)$ 始終保持為零，

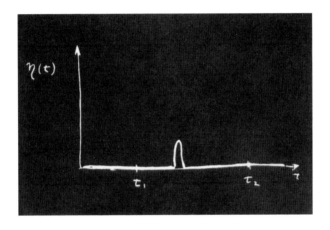

在時刻 t，它突然躍起，過了一會又驟然降下。當我們對這個 η 乘
以任何函數 F 做積分時，唯一不等於零的地方就是 $\eta(t)$ 出現突起的
地方，因而我們得到在該處的 F 值乘以對突躍部分的積分。對於突
躍本身的積分並不等於零，但當乘上了 F 之後它就必須等於零；所
以函數 F 在突躍處必然為零。但由於突躍發生在任何我們想要它發
生的地方，因而 F 就必須處處為零。

我們看到，假若對於任何 η，我們的積分都為零，則 η 的係數

必須爲零。只有滿足如下複雜微分方程

$$\left[-m \frac{d^2 \underline{x}}{dt^2} - V'(\underline{x}) \right] = 0$$

的那條路徑，作用量積分才將是最小值。實則它並非那麼複雜，你以前就見過了。它只不過是 $F = ma$ 罷了。上式的第一項是質量乘加速度，而第二項則是位能的導數，那就是力。

所以，至少對於一個保守系統來說，我們已證明，最小作用量原理給出了正確答案；它表明：具有最小作用量的路徑，就是滿足牛頓定律的那條路徑。

一個評述是：我並未證明它是一個**最小值**──也許是一個最大值。事實上，它的確不必是一個最小值。這與我們過去在討論光學時所發現的那個「最短時間原理」（principle of least time）十分相似。在那裡我們起初也曾說過這是「最短」時間。然而事實卻證明，存在時間並非**最短**的一些情況。基本原理是：對於任何偏離光學路徑的**一階變分**，時間的**變化**爲零；情況與此完全相同。我們所謂的「最小」實在是指：當你改變路徑時，S 值的一階變化爲零。它未必是「最小值」。

其次，我要談論一些推廣的問題。第一，這些可以推廣到三維。不只是 x，我可能有 x、y 和 z 做爲 t 的函數；此時作用量更爲複雜。對於三維運動，你必須用到完整的動能──$(m/2)$ 乘上整個速度的平方。這就是

$$\text{動能} = \frac{m}{2}\left[\left(\frac{dx}{dt}\right)^2 + \left(\frac{dy}{dt}\right)^2 + \left(\frac{dz}{dt}\right)^2 \right]$$

並且，位能也是 x、y 和 z 的函數。而路徑究竟如何呢？路徑是空

間中某條一般的曲線，它很不容易畫出來，但概念是一樣的。不過 η 又是怎麼回事？噢，η 可以有三個分量。你可以在 x 方向、y 方向或 z 方向——也可以同時在三個方向上移動路徑。所以 η 應該是一個向量。然而，這並未使得事情過於複雜。由於只有**一階**變分必須為零，我們便可以透過三個連續移動而進行計算。我們可以僅在 x 方向移動 η，而說它的係數必須為零；這樣就得到一個方程式。然後在 y 方向移動，而得到另一個方程式。再來在 z 方向得到第三個方程式。當然，也可按照你所喜歡的任一種次序進行。無論如何，你得到了三個方程式。而牛頓定律實際上就是在三維空間中的三個方程式——每一個分量有一個方程式。我想你實際上能夠明白，這是一定行得通的，但這個三維問題仍留給你自己去證明。順便提一下，你也可以採用任一種你所喜歡的座標系，諸如極座標或其他座標，透過觀察你在半徑、角度或其他座標方向移動 η 時發生的事情，就會立即得出適用於該座標系的牛頓定律。

　　同樣，這一方法也可推廣至任何數目的粒子。例如，假若你有兩個粒子，且在它們之間有作用力，因而就有交互作用位能，那麼你只要將這兩個粒子的動能相加，並取它們間的交互作用能做為位能。對此你想要改變什麼東西呢？你要改變化**此二**粒子的路徑。於是，在三維中運動的兩個粒子，就有六個方程式。你可以在 x 方向、y 方向和 z 方向變更第一個粒子的位置，對第二個粒子也是這樣做，因而就有六個方程式。這是理應如此的。其中三個方程式確定了第一個粒子受力作用時的加速度，而另外三個則是關於第二個粒子受力作用時的加速度。你繼續玩同樣的把戲，就會得到關於任何數目的粒子在三維中的牛頓定律。

　　我剛才說過，我們得到了牛頓定律。這並非十分正確，因為牛頓定律還包括像摩擦那一類的非保守力。牛頓說，ma 等於任何

F。可是，最小作用量原理只適用於**保守**系統──那裡所有的力都可以從位勢函數得出。然而，你知道，在微觀層次──即在物理學最深入的層次──並沒有非保守力。像摩擦力那樣的非保守力之所以出現，乃是由於我們忽略了微觀上的複雜性──存在的粒子實在太多，而難於分析。但**基本**定律卻都**可以**放進最小作用量原理的形式之中。

讓我繼續來做進一步的推廣。假設我們問起粒子做相對論性運動時會發生什麼情況。我們在前面並未得到正確的相對論性運動方程式，*F = ma* 只對於非相對論性的情況才正確。問題是：對於相對論性的情況，是否有一個對應的最小作用量原理？的確有。對於相對論性的情況，其公式如下：

$$S = -m_0 c^2 \int_{t_1}^{t_2} \sqrt{1 - v^2/c^2}\, dt - q \int_{t_1}^{t_2} [\phi(x, y, z, t) - v \cdot A(x, y, z, t)]\, dt$$

這個作用積分的第一部分是，粒子的靜質量 m_0 乘以 c^2，再乘以速度函數 $\sqrt{1 - v^2/c^2}$ 的積分。後一項不再是位能，而是一個對於純量勢 ϕ 以及 v 乘以向量位勢 *A* 的積分。此一作用量函數給出了單個粒子在電磁場中的相對論性運動的完整理論。

當然，每次我寫出 v 時，你總會明白：在試圖做出任何計算之前，得先用 dx/dt 來代替 v_x，並對其他各分量也這樣做。而且，你還必須把路徑在 t 時刻的一點寫成 $x(t)$、$y(t)$、$z(t)$，而這些在上式中我只是簡單寫作 x、y、z。正確的說，只有當你對 v 做了這種代換之後，才有相對性粒子的作用量公式。事實上這個作用量確實能給出正確的相對論性運動方程式，我將把這一問題的證明留給你們中那些較機敏的人去做。可否讓我建議你們先做沒有 *A*、亦即沒

有磁場的情況？此時你應該得到運動方程式 $dp/dt = -q\nabla\phi$ 的各分量，其中你會記起 $p = mv/\sqrt{1 - v^2/c^2}$ 。

把存在向量位勢的情況也包括進來就困難多了。那些變分變得相當複雜。可是最後解得的力項確實爲 $q(E + v \times B)$，正該如此。但我將把這留給你們去玩玩。

我想要強調，在一般情況下，比如在相對論公式中，作用量的被積函數不再具有動能減去位能的形式。那是只有在非相對論性近似下才成立的。例如，$m_0c^2\sqrt{1 - v^2/c^2}$ 這一項就不是我們所稱的動能了。對於在任何特定情況下作用量應該是什麼的問題，必須經由嘗試（trial and error）來確定。這與首先確定運動定律是什麼這一問題恰好相同。你只要對已知的一些方程式玩弄一下，看你能否將它們納入最小作用量的形式之中。

還有一點是關於名稱方面的。對時間積分就可以得到作用量 S 的函數，稱爲**拉格朗日函數**（Lagrangian）$\mathcal{L}$，只是粒子的速度與位置的函數。因此最小作用量原理也可以寫成

$$S = \int_{t_1}^{t_2} \mathcal{L}(x_i, v_i)\, dt$$

式中 x_i 和 v_i 指位置與速度的所有分量。故若當你聽到有人正在談論「拉格朗日函數」時，那就會知道他們是在談論那個要用來求出 S 的函數。對於電磁場中的相對論性運動，

$$\mathcal{L} = -m_0c^2\sqrt{1 - v^2/c^2} - q(\phi + v \cdot A)$$

而且，我還應該講，對於大多數講究準確的人和學究來說，S 實際上並非稱作「作用量」，它稱爲「哈密頓第一主函數」（Hamilton's first principal function）。既然我不想做關於「最小哈密頓第一主函數

原理」的演講，所以就稱它爲「作用量」吧。而且，有愈來愈多的人正把它稱爲「作用量」。你可以看到，歷史上另有一個不那麼有用的東西曾被稱爲作用量，但我想更合理的是改用新定義。所以，現在你也將這個新函數稱爲作用量，而不久後人人都會用這個簡單名稱去稱呼它了。

　　現在，我要對這一主題做些討論，它們與我先前對最短時間原理所做的討論相似。宣稱從一處到另一處的某個積分是一最小值的定律（這會告訴我們有關全路徑的某種東西），與宣稱當沿路徑行進時、有一個力在使它加速的定律相比，兩者的特性有很大的差別。第二種方法告訴你如何沿著路徑一點一點的前進；而另一種方法是關於整個路徑的全面描述。在光的情況下，我們談論過這兩者間的關係。現在，我想解釋有了這類最小作用量原理時，爲何還會有微分定律。理由如下：試考慮在時間和空間中的那條眞實路徑。如前一樣，讓我們只考慮一維的情形，因而可以將 x 做爲 t 的函數畫成曲線。沿這眞實路徑，S 是最小值。假定我們已有了這一眞實路徑，並且它在空間和時間上既通過某點 a，又通過附近另一點 b。

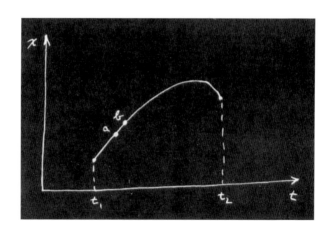

現在假若從 t_1 至 t_2 的整個積分是最小值,那麼沿 a 至 b 的小段積分也就有必要是最小值。不可能從 a 至 b 這一部分就稍微多一點。因為不然的話,你就能僅僅在這一部分路徑動手腳,即可使整個積分值稍微降低一些。

所以在這條路徑中的每一小段也必然是最小值。並且,不管該小段如何短,這都是正確的。因此,整個路徑給出最小值的原理也可說成,路徑每一無限小段也是具有最小作用量的那種曲線。現在若我們取路徑上足夠短的一段——在非常靠近的 a 與 b 兩點之間,那麼在遙遠處的位能如何逐點變化,就是無足輕重的事了,因為在那整整一小段路徑上、你幾乎總是待在同一地點。你必須討論的唯一事情,就是位能中的一階變化。答案只能取決於位能的導數,而不是在各處的位能。所以關於整條路徑的總性質的陳述,就變成對一小段路徑會發生的事情的陳述——也就是一種微分式的描述。而且這一種微分式描述僅涉及到位能的導數,亦即在一點上的力。以上就是總體定律與微分定律之間關係的定性解釋。

在光的情況下,我們也曾討論過下述問題:粒子如何找到正確的路徑呢?從微分的觀點,這是容易理解的。它在獲得加速度的每一時刻,僅僅知道在該瞬間做些什麼。可是當你說粒子決定選取那條將給出最小作用量的路徑時,你關於因果關係的全部直覺就全出問題了。粒子「聞到」了鄰近路徑是否具有更多作用量嗎?在光的情況下,當我們在光所經過的路途上放置障礙物,以致光子們不能檢查所有的路徑時,我們便發現光子不再能找出該走哪一條路,從而就有了繞射現象。

在力學中也會發生同樣的事情嗎?粒子真的不僅能「選取正確路徑」,而且還會審視所有其他的各種可能路徑嗎?而且,倘若我們在路途上設置一些東西,以阻止粒子四處觀望,那麼我們將得到

與繞射類似的現象嗎？當然，令人不可思議之處就在於，事情恰恰是這樣子。這正是量子力學定律所說的。因此我們的最小作用量原理還是陳述得不完全。並非粒子選取了作用量最小的那條路徑，而是粒子聞遍了附近的所有路徑，從而按照與光選取最短時間類似的方法，來選取一條具有最小作用量的路徑。你應記得，光選取最短時間的方法是這樣的：要是它遵循一條需要不同時間的路徑，則當它到達時就有不同相位。而在某一點上的總振幅，等於光能夠到達的所有不同路徑之振幅貢獻的總和。所以那些給出相位差異很大的路徑，將不會加總出任何東西。但假如你能找出一整序列路徑，它們具有幾乎相同的相位，則小小的貢獻便將加在一起，而在到達之處得到可觀的總振幅。因而重要的路徑就是附近有許多路徑能給出相同相位的那一條路徑。

對於量子力學，事情恰好完全相同。整個量子力學（對於非相對論情況，並略去電子自旋）是如下運作的：一個粒子於 t_1 時刻從點 1 出發、並將於 t_2 時刻到達點 2 的機率等於機率幅的平方。總機率幅可以寫成每一可能路徑 —— 每一條到達的途徑 —— 的機率幅之和。對於我們可能有的每個 $x(t)$ —— 對於每條想像出來的可能軌跡，我們就得算出一個機率幅。然後再把它們全部加起來。對於每條路徑，我們認為機率幅是什麼呢？我們的作用量積分告訴我們，對於一條單獨路徑，其機率幅應該是什麼。機率幅正比於某個常數乘 $e^{iS/\hbar}$，其中 S 就是對那條路徑的作用量。這就是說，假若我們用一個複數來表示機率幅的相位，則相角就是 $S/\hbar$。作用量 S 具有能量乘時間的因次，而約化普朗克常數 $\hbar$ 也具有相同的因次。它是判斷量子力學何時才顯得重要的一個常數。

這就是它運作的原理：假設對所有路徑，與 $\hbar$ 相較之下，S 很大。一條路徑貢獻一定的機率幅。而附近一條路徑，相位相當不

同,因為以巨大的 S 來說,即使 S 的小小變化也意味著完全不同的相位——因為 $\hbar$ 是那麼小。所以在求和時,彼此鄰近的路徑一般都會將其效應互相抵消——除了一個區域以外,此區域中的一條路徑與其鄰近路徑在一階近似下全都會給出相同的相位(更準確的說,在 $\hbar$ 範圍內給出相同的作用量)。只有這些路徑才是重要的。因此,在約化普朗克常數 $\hbar$ 趨於零的極限情況下,正確的量子力學定律可以簡單總結成:「忘記所有這些機率幅吧。粒子就在一條特殊路徑上運動,那就是在一階近似下 S 不發生變化的路徑。」這就是最小作用量原理與量子力學之間的關係。量子力學可以用這種形式來表達的事實,是由本演講開頭曾提及的同一位巴德老師的學生在 1942 年發現的。〔量子力學原本是透過機率幅的微分方程(薛丁格首創),以及透過某種其他矩陣數學(海森堡首創)來表達的。〕

現在我想談談物理學中的其他最小原理,其中有許多是饒富趣味的。我並不想現在就試著將它們全都羅列出來,只打算再描述其中的一種。以後,當我們遇上含有漂亮的最小原理的物理現象時,那時再來談。現在我要來證明:不必經由給出場的微分方程,而是經由講述某個積分是最大或最小值,我們就能夠描述靜電學。首先,讓我們考慮電荷密度處處已知的情況,而問題在於求出空間中每一處的電位 ϕ。你知道答案應該是:

$$\nabla^2 \phi = -\rho/\epsilon_0$$

但表述同一件事的另一種方法是:計算積分 U^*

$$U^* = \frac{\epsilon_0}{2} \int (\nabla \phi)^2 \, dV - \int \rho \phi \, dV$$

這是對全部空間進行的積分。對於正確的位勢分布,U^* 是最小值。

我們可以證明，這兩種關於靜電學的表述是等價的。假定我們選取任意函數 ϕ。我們想要證明：當我們認為 ϕ 是正確的位勢 $\underline{\phi}$ 加上一個小的偏離 f 時，則在一階近似下，U^* 的變化為零。因此我們記作

$$\phi = \underline{\phi} + f$$

$\underline{\phi}$ 就是我們所要尋找的，但現在給它造成一個變化，以找出它必須為何才能使 U^* 的變分在一階近似下為零。對於 U^* 的第一部分，我們需要

$$(\nabla\phi)^2 = (\nabla\underline{\phi})^2 + 2\,\nabla\underline{\phi}\cdot\nabla f + (\nabla f)^2$$

式中唯一會變化的一階項是

$$2\,\nabla\underline{\phi}\cdot\nabla f$$

在 U^* 的第二項中，被積函數為

$$\rho\phi = \rho\underline{\phi} + \rho f$$

其變化部分為 ρf。因此，若只保留那些變化的部分，則我們需要如下的積分

$$\Delta U^* = \int (\epsilon_0 \nabla\underline{\phi} \cdot \nabla f - \rho f)\, dV$$

現在，依循以往的普遍法則，我們必須得到經過補綴、而完全去掉 f 的導數的那種東西。讓我們看看那些導數是什麼。上式中的內積為

$$\frac{\partial\underline{\phi}}{\partial x}\frac{\partial f}{\partial x} + \frac{\partial\underline{\phi}}{\partial y}\frac{\partial f}{\partial y} + \frac{\partial\underline{\phi}}{\partial z}\frac{\partial f}{\partial z}$$

我們得把它們分別對 x、對 y 和對 z 進行積分。原來竅門就在這裡：若要將 $\partial f/\partial x$ 去掉，就必須對 x 進行部分積分。這樣就會把導數移到 ϕ 上去。這與我們過去常用來去掉對 t 的導數的那種一般概念是相同的。我們利用等式

$$\int \frac{\partial \underline{\phi}}{\partial x} \frac{\partial f}{\partial x} \, dx = f \frac{\partial \underline{\phi}}{\partial x} - \int f \frac{\partial^2 \underline{\phi}}{\partial x^2} \, dx$$

等號右邊已積出的項為零，因為我們必須使 f 在無限遠處為零。（這相當於使 η 在 t_1 和 t_2 時為零。因此我們的原理就應該更準確的說成：對於正確的位勢 $\underline{\phi}$，U^* 比對任何其他位勢 $\phi(x, y, z)$ 都小，而在無限遠處，$\underline{\phi}$ 和 ϕ 具有相同的值。）然後我們對 y 和 z 也這樣做。因而我們的積分 U^* 成為

$$\Delta U^* = \int (-\epsilon_0 \nabla^2 \underline{\phi} - \rho) f \, dV$$

為了使這一變分對於任何 f —— 不管是什麼 —— 都為零，f 的係數就必須為零，因而

$$\nabla^2 \underline{\phi} = -\rho/\epsilon_0$$

我們得回了原來的方程式。因而我們前述的「最小」命題是正確的。

　　假若採用稍微不同的方法來做上述代數運算，就可以推廣我們的命題。讓我們回到原來的式子，不計算各分量而直接做部分積分。我們從注意下述等式開始：

$$\nabla \cdot (f \nabla \underline{\phi}) = \nabla f \cdot \nabla \underline{\phi} + f \nabla^2 \underline{\phi}$$

假若我算出左邊的微分，就能證明它恰好等於右邊。現在我們可以利用這一等式進行部分積分。在上述 ΔU^* 的積分中，用 $f \nabla^2 \underline{\phi} - \nabla \cdot (f \nabla \underline{\phi})$ 代替 $-\nabla \underline{\phi} \cdot \nabla f$，而後對體積進行積分。其中散度項的體積分可以用面積分代替：

$$\int \nabla \cdot (f \nabla \underline{\phi}) \, dV = \int f \nabla \underline{\phi} \cdot \boldsymbol{n} \, da$$

由於是對全部空間積分，所以積分的面位於無限遠處。由於那裡的 f 等於零，因而我們得到與前面相同的答案。

　　直到現在，我們才明白如何求解這樣一個問題，即我們不知道其中全部電荷位在哪裡。假設我們有一些導體，電荷以某種方式分布在其上面。只要所有導體的電位都固定不變，則我們仍然能夠應用最小原理。對 U^* 的積分僅在一切導體之外的空間中進行。這時，由於我們不能使導體上的 ϕ 發生變化，所以在所有導體的表面上，f 都等於零，因而面積分

$$\int f \nabla \underline{\phi} \cdot \boldsymbol{n} \, da$$

仍然為零。剩下來的體積分

$$\Delta U^* = \int (-\epsilon_0 \nabla^2 \underline{\phi} - \rho \underline{\phi}) f \, dV$$

只在各導體之間的空間中進行。當然，我們再次得到帕松方程（Poisson's equation）：

$$\nabla^2 \underline{\phi} = -\rho / \epsilon_0$$

這樣我們就證明了，原來的體積分也是一個最小值，只要我們在電位全都固定的各導體外的空間裡求值即可（這就是說，當 x, y, z 是導體表面上的一點時，任何嘗試函數 $\phi(x, y, z)$ 都必須等於該導體的

給定電位。）

如果電荷只存在於導體上，情況就很有趣了。這時

$$U^* = \frac{\epsilon_0}{2} \int (\nabla \phi)^2 \, dV$$

我們的最小原理說：在一組導體都處於某些給定電位的情況下，它們之間的位勢會自動調整到使 U^* 為最小。這個積分是什麼呢？由於 $\nabla \phi$ 就是電場，因而此積分就是靜電能。真正的場，是所有來自電位梯度的場中、總能量最小的那個場。

我想要利用這一結果來算出某種具體的東西，讓你們看看這些東西實際上是非常有用的。假設我取兩導體構成圓柱體電容器。

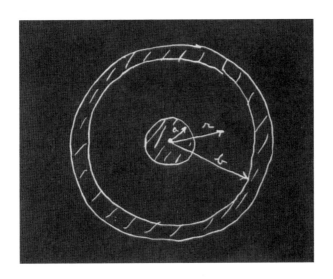

內部的導體具有電位 V，而外面導體的電位為零。令內、外兩導體的半徑分別為 a 和 b。現在我們可以假定它們之間的任意電位分布。假若我們採用正確的 ϕ，並計算 $\epsilon_0/2 \int (\nabla \phi)^2 dV$，則它應當是系統的能量，即 $\frac{1}{2}CV^2$。因此，也可以根據我們的原理算出 C。但

若採用錯誤的電位分布，並試圖用這個方法算出 C，則我們得到的電容將太大，因爲電位 V 已經被規定了。任何假定的、並非嚴格等於正確電位的 ϕ，都會給出比正確值來得大的假的 C。不過假若我們的錯誤的 ϕ 是任意的粗略近似，則 C 將會是相當好的近似，因爲 C 的誤差是 ϕ 的誤差的二次式。

假設我們不知道圓柱體電容器的電容，那我就可以利用這一原理來找到它。我只要不斷猜測位勢函數 ϕ，直到獲得最低的 C 爲止。例如，假定我選取與恆定電場相對應的位勢。（當然，你知道，這裡的場實際上不是恆定的；它會隨 $1/r$ 變化。）一個恆定場意味著一個與距離成正比的位勢。爲符合兩導體所在處的條件，它必須是

$$\phi = V\left(1 - \frac{r - a}{b - a}\right)$$

這個函數在 $r = a$ 處爲 V，在 $r = b$ 爲零，而在兩者之間的位勢則有等於 $-V/(b - a)$ 的固定斜率。所以爲了求得積分 U^*，我們所要做的，就是將這個 ϕ 的梯度的平方乘以 $\epsilon_0/2$，並且對全部體積求積分。讓我們對單位長度的圓柱做這種計算。在半徑 r 處的體積元素爲 $2\pi r\, dr$。進行積分之後，我對求電容的第一次嘗試就得到

$$\frac{1}{2}CV^2\ (\text{第一次嘗試}) = \frac{\epsilon_0}{2}\int_a^b \frac{V^2}{(b-a)^2}\, 2\pi r\, dr$$

這積分不難，正好是

$$\pi V^2 \left(\frac{b + a}{b - a}\right)$$

這樣我就有了電容的公式，它雖然不正確，但卻是一種近似結果：

$$\frac{C}{2\pi\epsilon_0} = \frac{b + a}{2(b - a)}$$

自然，它與正確答案 $C = 2\pi\epsilon_0/\ln(b/a)$ 不同，但並非太差。讓我們就幾個 b/a 值，將它與正確答案做比較，所得結果如下表所列：

$\dfrac{b}{a}$	$\dfrac{C_{正確}}{2\pi\epsilon_0}$	$\dfrac{C（一階近似）}{2\pi\epsilon_0}$
2	1.4423	1.500
4	0.721	0.833
10	0.434	0.612
100	0.217	0.51
1.5	2.4662	2.50
1.1	10.492059	10.500000

即使當 b/a 大至 2 時——就電場來講，與線性變化的場相比，它給出了相當大的改變——我仍然得到相當好的近似。當然，正如所預期的那樣，答案稍微偏高一些。倘若你將一根細導線放入大圓柱體之中，事情就糟得多。這時的場已有了巨大變化，而倘若你還是用一個恆定場來代表它，那你就做得不太好了。當 $b/a = 100$ 時，我們偏離了幾乎 2 倍。對於小的 b/a，事情要好得多。試取與剛才極端相反的情況，當兩導體相距不遠時，比方說 $b/a = 1.1$，則恆定場就是相當好的近似，而我們會得到誤差在千分之一以內的正確 C 值。

現在我要來告訴你如何改進這種計算。（當然，對於圓柱體電容器來說，你已經**知道**正確的答案，但對於其他一些你還不知道其正確答案的古怪形狀，所用方法仍然與此相同。）下一步是對未知

的正確 ϕ 嘗試得到較好的近似。例如，你也許會試試一個常數加上指數函數 ϕ，如此等等。但除非你已經知道正確的 ϕ，否則你怎麼會知道何時才能得到較好的近似值呢？答案是：你把 C 算出來；最低的 C 值就是最接近於正確的值。讓我們來試試這個想法。假定電位不是 r 的線性函數，而是 r 的二次函數——電場並非恆定的、而是線性的。能夠符合在 $r = b$ 處 $\phi = 0$、而在 $r = a$ 處為 $\phi = V$ 這種條件的最**一般**的二次形式的 ϕ 為

$$\phi = V\left[1 + \alpha\left(\frac{r-a}{b-a}\right) - (1+\alpha)\left(\frac{r-a}{b-a}\right)^2\right]$$

式中 α 為一任意常數。這公式稍微複雜了一點。電位中除了有一個線性項外，還包括一個二次項。我們很容易從電位得出電場，電場正好是

$$E = -\frac{d\phi}{dr} = -\frac{\alpha V}{b-a} + 2(1+\alpha)\frac{(r-a)V}{(b-a)^2}$$

現在我們必須將上式平方，並對體積進行積分。但請等一等。我應當給 α 取什麼值呢？我可以對 ϕ 取一條拋物線，然而是什麼樣的拋物線呢？這裡我想要做的是：用**任意一個** α 算出電容。我得到的是

$$\frac{C}{2\pi\epsilon_0} = \frac{a}{b-a}\left[\frac{b}{a}\left(\frac{\alpha^2}{6} + \frac{2\alpha}{3} + 1\right) + \frac{1}{6}\alpha^2 + \frac{1}{3}\right]$$

這看起來有些複雜，但它是從對場的平方進行積分而得到的。現在我可以選擇 α 了。我知道，正確的結果總是比我將要算出的任何值都小，因而不管我代入什麼 α 值，總會得到太大的答案。但若我不斷玩弄 α，並得到一個我所能得到的最低可能值，則這個最低值就

會比其他任何值都更接近於真實的值。所以我要做的下一件事，就
是揀出會提供最小 C 值的那個 α。利用普通的微積分來計算，我得
到極小的 C 出現在 $\alpha = -2b/(b+a)$ 時。將此值代入上面的公式中，
得到的極小電容為

$$\frac{C}{2\pi\epsilon_0} = \frac{b^2 + 4ab + a^2}{3(b^2 - a^2)}$$

對於各種不同的 b/a 值，我已經算出了由這個公式所給出的 C
值。我將稱這些數值為 C（二階）。以下是 C（二階）與正確 C 的對
照表。

$\dfrac{b}{a}$	$\dfrac{C_{正確}}{2\pi\epsilon_0}$	$\dfrac{C（二階）}{2\pi\epsilon_0}$
2	1.4423	1.444
4	0.721	0.733
10	0.434	0.475
100	0.217	0.346
1.5	2.4662	2.4667
1.1	10.492059	10.492065

例如，當兩半徑之比為 2 時，我得到 1.444，這對於正確答案
1.4423 來說已經是非常好的近似。即使對於較大的 b/a，仍舊相當
好——比一階近似要好得多。當 b/a 為 10 時，答案還是相當準確
——只偏離 10%。但當 b/a 達到 100 時，事情就開始變糟了。我所
得到的 $C/2\pi\epsilon_0$ 是 0.346，而不是 0.217。在另一方面，對於 1.5 的
半徑比，答案極好；至於 1.1 的 b/a，答案表明是 10.492065 而不是
10.492059。這裡的答案應該算是很好的，而且是非常非常的好。

　　我已經舉出了好些個例子，首先為了示明最小作用量原理和一般最小原理的理論價值，其次在於示明它們的實用價值──不僅僅去算出我們已明知其答案的電容。對於任何其他形狀的電容，你可以用某些像 α 那樣的未知參數去猜測近似的場，並調整這些參數以獲得最小值。對於其他方法難以處理的一些問題，用此方法你可以得到極好的數值結果。

演講後的補充

　　再補充一點我在課堂上沒有時間講的東西。（我準備的材料，似乎總是比我有時間講到的要多。）早先我曾提到，準備這一場演講時，我對某個問題產生了興趣。我要告訴你們這是一個什麼樣的問題。

　　在我上面所提及的最小原理中，我曾注意到，其中大多數都是來自於力學和電動力學。但也有一類並非如此。舉一個例子，若電流通過某一塊材料時遵從歐姆定律，則在這塊材料中的電流就會分布得使熱量的產生率盡可能的小。我們也可以說（假若材料都保持等溫的話），能量的產生率是某最小值。那麼，按照古典理論，這一原理甚至也適用於確定載流金屬內部電子的速度分布。這種速度的分布，並非全然嚴格的平衡分布（見第 I 卷第 40 章的 (40.6) 式），因為電子正在向側面漂移。這一新的分布可以從下面的原理找到，即對某個給定的電流，它是使得因碰撞每秒產生的熵盡可能少的一種分布。然而關於電子行為的正確描述，應該是由量子力學給出的。問題在於：當情況要由量子力學來描述時，同樣的最小熵原理（principle of minimum entropy）是否仍然成立？我尚未找到答案。

　　當然，這問題在理論上是很重要的。像這樣的原理令人神往，

而且嘗試看清其普遍性始終是值得的。但從更爲實用的觀點來說，我也**希望**去瞭解它。我與幾位同事曾發表過一篇論文，其中我們根據量子力學近似的計算過一個電子通過像 NaCl 那樣的離子晶體時所感受到的電阻。（Feynman, Hellworth, Iddings, and Platzman, "Mobility of Slow Electrons in a Polar Crystal," *Phys. Rev.* **127**, 1004(1962).）但要是最小原理存在，則我們可以用它做出更爲精確的結果，就如同電容器電容的最小原理曾經讓我們在電容方面獲得如此高的準確度那樣，儘管我們只有粗略的電場知識。

第20章
馬克士威方程組
在自由空間中的解

20-1 自由空間中的波；平面波

在第 18 章中，我們已進展到擁有完整形式的馬克士威方程的地步。關於古典電磁場理論，我們所需瞭解的一切，都可在下列四個方程式中找到：

$$\text{I.} \quad \nabla \cdot \boldsymbol{E} = \frac{\rho}{\epsilon_0} \qquad\qquad \text{II.} \quad \nabla \times \boldsymbol{E} = -\frac{\partial \boldsymbol{B}}{\partial t}$$

$$\text{III.} \quad \nabla \cdot \boldsymbol{B} = 0 \qquad\qquad \text{IV.} \quad c^2 \nabla \times \boldsymbol{B} = \frac{\boldsymbol{j}}{\epsilon_0} + \frac{\partial \boldsymbol{E}}{\partial t} \tag{20.1}$$

當我們將所有這些方程式拼攏在一起時，出現了一個顯著的新現象：由運動電荷產生的場能夠離開源，而獨自穿越過空間。我們曾考慮一個特殊例子：一張無限大片的電流突然被接通。在電流被接通時間 t 後，就有一個均勻的電場與磁場從源擴展至距離 ct 處。假設電流片位於 yz 平面上，且具有沿正 y 方向的面電流密度 J。電場將只有 y 分量，而磁場則只有 z 分量。對小於 ct 的正 x 值而言，這些場分量的大小為

$$E_y = cB_z = -\frac{J}{2\epsilon_0 c} \tag{20.2}$$

對更大的 x 值，場都為零。當然，也有相似的場從電流片沿負 x 方向延伸至相同距離。圖 20-1 中，我們畫出了一個圖形，代表在 t 時刻，場的大小隨著 x 而變的情形。隨著時間的推移，在 ct 處的「波前」會以等速度 c 沿正 x 方向往外移動。

請參考：第 I 卷第 47 章〈聲音與波動方程式〉、第 I 卷第 28 章〈電磁輻射〉。

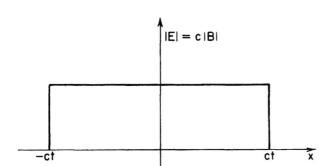

圖 20-1　在電流片接通後的 t 時刻，做為 x 函數的電場與磁場。

現在考慮下述一連串事件。我們接通1單位強度的電流一段時間，然後突然將電流強度增至3單位，並保持在此一數值上。則場看起來將如何呢？我們可以按下述方式來看場將會如何。首先，我們設想有1單位強度的電流在 $t = 0$ 時接通，並永遠保持定值。則對於在正 x 方向的場就由圖 20-2(a) 給出。其次，我們要問，若在 t_1 時接通2單位的穩定電流，將發生何事。

這種情形中的場將為先前的2倍高，但是在正 x 方向只伸展到 $c(t - t_1)$ 的距離，如圖 20-2(b) 所示。當我們用疊加原理將這兩個解相加時，會發現這兩個源之和在0至 t_1 的時間內是1單位的電流，而在大於 t_1 的時間內則是3單位的電流。在 t 時刻，場隨距離 x 的變化情形如圖 20-2(c) 所示。

現在讓我們處理一個更複雜的問題。考慮接通1單位的電流一段時間，然後增強至3單位，過些時候再降至0。對於此一電流，場將會如何呢？我們可以按相同方式找出解答——將三個獨立問題的解加在一起。首先，我們求出1單位強度階梯式電流的場（我們

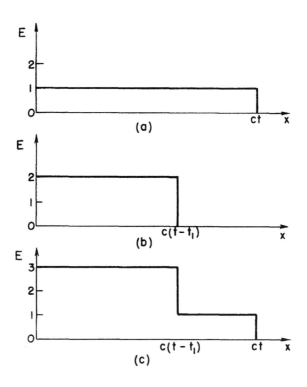

圖20-2　一片電流的電場。(a) 在 $t = 0$ 時，1 單位電流被接通；(b) 在
$t = t_1$ 時，2 單位的電流被接通；(c) 為 (a) 與 (b) 兩者的疊加。

已解過這個問題）。其次，我們找出 2 單位階梯式電流的場。最
後，我們求解**負** 3 單位階梯式電流的場。當我們將這三個答案加起
來時，便得到如下的電流：從 $t = 0$ 至稍後某時刻，比方說 t_1，電流
的強度等於 1 單位，接著是 3 單位，並持續至更晚的時刻 t_2，然後
將電流切斷──即強度變為零。電流對時間的函數圖形示於圖20-
3(a)。

　　當我們將電場的三個解加起來時，便可得到電場在某時刻 t 隨

x 的變化圖形，將如圖 20-3(b) 所示。場是電流的準確表象。場在空間中的分布，就如電流隨時間變化的那條漂亮曲線——只是要倒過來畫。隨著時間流逝，整個圖像以速率 c 向外移動，因而有一小截場朝正 x 方向行進，其中包含對全部電流變化史的完整詳盡紀錄。假若站在數英里之外，我們也能從電場與磁場的變化，準確說出在源處電流曾如何變化。

你們也將注意到，在源處的所有活動都已完全停止，而一切電荷與電流都變爲零之後許久，那一截電場仍將繼續穿越空間。我們有一個電場與磁場分布，獨立於任何電荷或電流而存在。這就是來

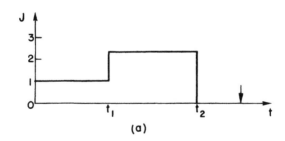

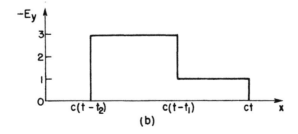

圖 20-3 假如電流源強度隨時間的變化如 (a) 所示，則在箭頭所指的 t 時刻，電場做為 x 的函數就如圖 (b) 所示。

自完整馬克士威方程組的新效應。假如我們願意，則可以對剛才所作的分析給出完整的數學表述，將給定地點和給定時刻的電場寫成與源處的電流成正比，只是並非**同一**時刻，而是要用**較早的**時刻 $t - x/ct$。我們可以寫出

$$E_y(t) = - \frac{J(t - x/c)}{2\epsilon_0 c} \qquad (20.3)$$

信不信由你，第 I 卷中我們討論折射率理論的時候，就曾經從另一觀點導出相同的式子。那時我們必須求出，當一片介電材料中的電偶極受一入射電磁波的電場驅動時，此一薄層振盪電偶極的電場。我們當時的問題，是要算出原來波之場與振盪偶極所輻射的波之場兩者的合成場。當還沒有馬克士威方程組時，我們如何能算出運動電荷產生的場呢？當時我們曾（不作任何推導而）取一加速電荷在遠處所產生的輻射場的公式，做為我們的出發點。假如你查閱第 I 卷第 31 章，你將看到，(31.9) 式與我們剛才寫下的 (20.3) 式正好一樣。儘管我們以前的推導只有在距離場源很遠處才正確，但我們現在可看出：即使非常接近場源，同一結果仍然是正確的。

我們現在想就普遍情況，來考察距離場源（也就是離電流與電荷）很遠的自由空間裡，電場與磁場的行為。在非常靠近場源的地方——近至足以使在傳遞的延遲時間內，源來不及改變很多，場與我們在所謂的靜電或靜磁的情形中所找出的十分相同。然而，假如我們走到延遲效應已變得重要的遠距離處，則場的性質就可能與我們已找到的那些解根本不同。在某種意義上，當這些場已離開所有的源很遠，會開始呈現其自身的特性。所以，我們可以開始討論場在既無電流、亦無電荷的區域內之行為。

假定我們問道：在 ρ 和 j 兩者都是零的區域內，會有哪種類的場呢？在第 18 章中，我們看到馬克士威方程組也可以表示成純量

勢與向量位勢的微分方程組：

$$\nabla^2 \phi - \frac{1}{c^2} \frac{\partial^2 \phi}{\partial t^2} = -\frac{\rho}{\epsilon_0} \tag{20.4}$$

$$\nabla^2 \boldsymbol{A} - \frac{1}{c^2} \frac{\partial^2 \boldsymbol{A}}{\partial t^2} = -\frac{\boldsymbol{j}}{\epsilon_0 c^2} \tag{20.5}$$

假如 ρ 和 $\boldsymbol{j}$ 為零，這些方程式就變成較簡單的形式：

$$\nabla^2 \phi - \frac{1}{c^2} \frac{\partial^2 \phi}{\partial t^2} = 0 \tag{20.6}$$

$$\nabla^2 \boldsymbol{A} - \frac{1}{c^2} \frac{\partial^2 \boldsymbol{A}}{\partial t^2} = 0 \tag{20.7}$$

於是在自由空間裡，純量勢 ϕ 和向量位勢 $\boldsymbol{A}$ 的每一個分量都滿足同一個數學方程式。假如令 ψ（psi）代表 ϕ、A_x、A_y、A_z 四個量中的任一個，則我們將要研究下列方程式的通解：

$$\nabla^2 \psi - \frac{1}{c^2} \frac{\partial^2 \psi}{\partial t^2} = 0 \tag{20.8}$$

這個方程式稱為三維波動方程——之所以稱三維，是因為函數 ψ 一般情況下取決於 x、y、z，因而我們得關心這三個座標上的變化。假如將拉普拉斯算符的三項都明顯寫出：

$$\frac{\partial^2 \psi}{\partial x^2} + \frac{\partial^2 \psi}{\partial y^2} + \frac{\partial^2 \psi}{\partial z^2} - \frac{1}{c^2} \frac{\partial^2 \psi}{\partial t^2} = 0 \tag{20.9}$$

則我們對這一點就很清楚。

在自由空間中，電場 $\boldsymbol{E}$ 和磁場 $\boldsymbol{B}$ 也都滿足同一個波動方程。例如，既然 $\boldsymbol{B} = \nabla \times \boldsymbol{A}$，我們便可對 (20.7) 式取旋度，而得到 $\boldsymbol{B}$ 的微分方程。因為拉普拉斯算符是純量算符，所以它可以和旋度運算互換次序：

$$\nabla \times (\nabla^2 A) = \nabla^2 (\nabla \times A) = \nabla^2 B$$

同理，旋度與 $\partial/\partial t$ 這兩種運算也可互換次序：

$$\nabla \times \frac{1}{c^2} \frac{\partial^2 A}{\partial t^2} = \frac{1}{c^2} \frac{\partial^2}{\partial t^2} (\nabla \times A) = \frac{1}{c^2} \frac{\partial^2 B}{\partial t^2}$$

利用上述結果，我們得到下列 B 的微分方程：

$$\nabla^2 B - \frac{1}{c^2} \frac{\partial^2 B}{\partial t^2} = 0 \tag{20.10}$$

於是，磁場 B 的每一分量都會滿足三維波動方程。同理，利用 $E = -\nabla\phi - \partial A/\partial t$ 這一事實，則可得到在自由空間的電場 E 也滿足三維波動方程：

$$\nabla^2 E - \frac{1}{c^2} \frac{\partial^2 E}{\partial t^2} = 0 \tag{20.11}$$

我們所有的電磁場都滿足同一個波動方程(20.8)式。我們也許想問：此方程式最一般性的解是什麼呢？然而，與其立即處理這困難的問題，我們倒不如首先來看看對不隨 y 和 z 變化的那些解，一般有什麼可談的。（我們總是先處理容易的情況，看看會發生什麼事，然後才能進入到更複雜的情況中去。）讓我們假定場的量值只取決於 x ——即場在 y 和 z 方向並沒有**變化**。當然，我們再次考慮平面波。我們應可預期會得出與前一節中多少有些類似的結果。

事實上，我們將找到完全相同的答案。你們也許會問：「為何要從頭再做一遍呢？」再做一遍是重要的：首先，我們並未證明所找到的波就是平面波最一般性的解；其次，我們只是從一類十分特殊的電流源找出那些場的。我們現在想問：在自由空間中，一維波的最普遍形式是怎樣的呢？我們無法由考察這個或那個特殊的源來找出這個波，而得作更一般性的考慮。況且我們這回要處理微分方

程，而不是積分形式。儘管我們將得到同樣的結果，仍不失爲一種
反覆練習的途徑，藉以證明無論你採用哪一種方式，都沒有任何差
別。你該知道如何用每一種方法來解決事情，因爲當碰到困難的問
題時，你往往會發現在各種方法中，只有一種是順手的。

我們本來可以直接考慮某一電磁量之波動方程的解。但還是不
要這樣做，我們想直接從自由空間中的馬克士威方程組著手，以讓
你們能看出它們與電磁波之間的密切關係。因此我們從 (20.1) 式開
始，並令其中的電荷與電流爲零。於是它們變成

$$
\begin{aligned}
&\text{I.} \quad \nabla \cdot \boldsymbol{E} = 0 \\
&\text{II.} \quad \nabla \times \boldsymbol{E} = -\frac{\partial \boldsymbol{B}}{\partial t} \\
&\text{III.} \quad \nabla \cdot \boldsymbol{B} = 0 \\
&\text{IV.} \quad c^2 \nabla \times \boldsymbol{B} = \frac{\partial \boldsymbol{E}}{\partial t}
\end{aligned}
\tag{20.12}
$$

我們將第一個方程式用分量寫出：

$$
\nabla \cdot \boldsymbol{E} = \frac{\partial E_x}{\partial x} + \frac{\partial E_y}{\partial y} + \frac{\partial E_z}{\partial z} = 0
\tag{20.13}
$$

我們假定場不隨 y 和 z 變化，因而後兩項都等於零。於是這個方程
式告訴我們：

$$
\frac{\partial E_x}{\partial x} = 0
\tag{20.14}
$$

它的解是：x 方向上的電場分量 E_x 在空間中是一個定值。假如你考察
(20.12) 式中的 IV 式，並假定 B 在 y 和 z 方向上沒有變化，你可以看
出 E_x 對時間來說也是常數。這樣的場可能來自遠處某一充電電容
器極板產生的穩定直流場。我們此刻對這種乏味的靜電場並不感興
趣，我們目前感興趣的只是動態變化場。對**動態**場來說，$E_x = 0$。

於是我們就有如下的重要結果：對於沿任一方向傳播的平面波，**電場必須垂直於傳播方向**。當然，電場仍然能夠以複雜的形式隨 x 座標而變化。

此一橫向 E 場總是可分解成兩個分量，比方說 y 分量與 z 分量。所以讓我們先求解電場只有一個橫向分量的情況。我們首先考慮永遠在 y 方向上、且 z 分量為零的電場。顯然，要是我們解出了這個問題，也就能解出電場永遠在 z 方向的情況。通解總是可以表成這兩種場的疊加。

我們的方程式現在已變成多簡單啊！電場唯一不等於零的分量為 E_y，而所有的導數——除了對 x 的導數外——都等於零。如此一來，其餘的馬克士威方程式就變得十分簡單了。

其次，讓我們來看馬克士威方程組中的第二者（(20.12) 式中的 II 式）。將 E 的旋度的各分量寫出，我們有

$$(\nabla \times E)_x = \frac{\partial E_z}{\partial y} - \frac{\partial E_y}{\partial z} = 0$$

$$(\nabla \times E)_y = \frac{\partial E_x}{\partial z} - \frac{\partial E_z}{\partial x} = 0$$

$$(\nabla \times E)_z = \frac{\partial E_y}{\partial x} - \frac{\partial E_x}{\partial y} = \frac{\partial E_y}{\partial x}$$

$\nabla \times E$ 的 x 分量為零，因為對 y 和 z 的導數都是零。它的 y 分量也是零；其中第一項為零是因為對 z 的導數為零，而第二項為零是因為 E_z 等於零。E 的旋度唯一不等於零的分量是 z 分量，它等於 $\partial E_y/\partial X$。令 $\nabla \times E$ 的三個分量等於對應的 $-\partial B/\partial t$ 之分量，我們可得到如下的結論：

$$\frac{\partial B_x}{\partial t} = 0, \qquad \frac{\partial B_y}{\partial t} = 0 \tag{20.15}$$

$$\frac{\partial B_z}{\partial t} = - \frac{\partial E_y}{\partial x} \tag{20.16}$$

因為磁場的 x 分量與 y 分量兩者對時間的導數都為零，這兩分量不過是恆定場，並且對應到我們先前已求得的靜磁解。可能有人曾將一些永久磁鐵遺留在波傳播過的地方附近。我們將忽略這些恆定場，並且令 B_x 和 B_y 等於零。

順帶提及，基於一個不同的理由，我們早該能斷定 $\boldsymbol{B}$ 的 x 分量必須等於零。由於 $\boldsymbol{B}$ 的散度為零（由第三個馬克士威方程式得知），應用與我們前面對電場所用的相同論據，我們可下結論：磁場的縱向分量並不會隨 x 而變化。由於我們在波的各種解中忽略了這類均勻場，因而就該令 B_x 等於零。在平面電磁波中，$\boldsymbol{B}$ 場及 $\boldsymbol{E}$ 場都必須與傳播方向垂直。

(20.16) 式給了我們一個附加定理：假如電場只有 y 分量，則磁場將只有 z 分量。於是 $\boldsymbol{E}$ 和 $\boldsymbol{B}$ 彼此**垂直**。這正是我們考慮過的那種特殊波中所出現的情況。

現在我們準備將馬克士威方程組的最後一者（(20.12) 中的 IV 式）用在自由空間中。把分量寫出來，我們有：

$$c^2(\boldsymbol{\nabla} \times \boldsymbol{B})_x = c^2 \frac{\partial B_z}{\partial y} - c^2 \frac{\partial B_y}{\partial z} = \frac{\partial E_x}{\partial t}$$

$$c^2(\boldsymbol{\nabla} \times \boldsymbol{B})_y = c^2 \frac{\partial B_x}{\partial z} - c^2 \frac{\partial B_z}{\partial x} = \frac{\partial E_y}{\partial t} \tag{20.17}$$

$$c^2(\boldsymbol{\nabla} \times \boldsymbol{B})_z = c^2 \frac{\partial B_y}{\partial x} - c^2 \frac{\partial B_x}{\partial y} = \frac{\partial E_z}{\partial t}$$

在 $\boldsymbol{B}$ 的分量的六個導數中，只有 $\partial B_z/\partial x$ 這項不等於零。因此這三個方程式只給了我們

$$-c^2 \frac{\partial B_z}{\partial x} = \frac{\partial E_y}{\partial t} \qquad (20.18)$$

　　我們所有的工作表明：電場與磁場都只有一個不等於零的分量，而這些分量必須滿足 (20.16) 和 (20.18) 式。假如我們把前一式對 x 微分，而後一式對 t 微分，則可將這兩個方程式合併成一式；兩方程式的等號左邊（除了因數 c^2 之外）將彼此相同。因此我們發現 E_y 要滿足下列方程式：

$$\frac{\partial^2 E_y}{\partial x^2} - \frac{1}{c^2} \frac{\partial^2 E_y}{\partial t^2} = 0 \qquad (20.19)$$

我們從前研究聲音的傳播時，就已經見過此一微分方程。它是關於一維波的波動方程。

　　你們該注意到，在我們的推導過程中，已經得到了比 (20.11) 式所含**還要多**的東西。馬克士威方程組已向我們提供進一步的資訊，即電磁波只具有垂直於波之傳播方向的場分量。

　　讓我們複習一下一維波動方程的解。假如任意一個量 ψ 滿足一維波動方程

$$\frac{\partial^2 \psi}{\partial x^2} - \frac{1}{c^2} \frac{\partial^2 \psi}{\partial t^2} = 0 \qquad (20.20)$$

則一個可能的解，是具有如下形式的函數 $\psi(x, t)$

$$\psi(x, t) = f(x - ct) \qquad (20.21)$$

亦即，**單一**變數 $(x - ct)$ 的某一函數。函數 $f(x - ct)$ 代表在 x 軸上一種「剛性」的圖樣，它以速率 c 朝正 x 方向行進（見圖 20-4）。例

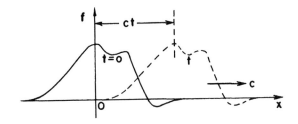

圖 20-4　函數 $f(x-ct)$ 代表朝正 x 方向、以速率 c 行進的不變「形狀」。

如，若函數 f 在它的自變數爲零時有最大值，則在 $t = 0$ 時，ψ 的最大值將出現在 $x = 0$ 處。在此後的某一時刻，比方說當 $t = 10$ 時，ψ 的最大值將出現在 $x = 10c$ 處。當時間向前推移，最大值以速率 c 朝正 x 方向運動。

　　有時候如下說會更爲方便，即一維波動方程的解是 $(t - x/c)$ 的函數。然而，這是在說同一件事，因爲 $(t - x/c)$ 的任意函數也是 $(x - ct)$ 的函數：

$$F(t - x/c) = F\left[-\frac{x - ct}{c}\right] = f(x - ct)$$

　　讓我們來證明 $f(x - ct)$ 的確是波動方程的一個解。由於它是唯一的變數——變數 $(x - ct)$ ——的函數，我們將令 f' 代表 f 對於該變數的導數，而 f'' 代表 f 的二次導數。將 (20.21) 式對 x 微分，我們有

$$\frac{\partial \psi}{\partial x} = f'(x - ct)$$

因爲 $(x - ct)$ 對 x 的導數爲 1。ψ 對 x 的二次導數顯然等於

$$\frac{\partial^2 \psi}{\partial x^2} = f''(x - ct) \qquad (20.22)$$

取 ψ 對 t 的導數，我們得到

$$\frac{\partial \psi}{\partial t} = f'(x - ct)(-c)$$

$$\frac{\partial^2 \psi}{\partial t^2} = +c^2 f''(x - ct) \qquad (20.23)$$

我們看到 ψ 確實滿足一維波動方程。

　　你們可能正感到疑惑：「假如我有了波動方程，又如何知道該取 $f(x - ct)$ 做為它的一個解呢？我不喜歡這種倒過來的方法。是否有某種**正向**的方法來求出解呢？」噢，一個好的正向方法就是要知道這個解。我們是有可能「杜撰」出顯然是正向的數學論證，尤其是我們已經知道解應該為何，但對於如此簡單的方程式，我們就不用玩弄什麼把戲了。不久你將達到下述地步，即當看到 (20.20) 式時，幾乎同時能看出 $\psi = f(x - ct)$ 是一個解。（就像現在你一看到 $x^2\, dx$ 的積分，馬上就知道答案是 $x^3/3$。）

　　實際上，你還應該看出更多一點。不僅任何 $(x - ct)$ 的函數是解，而且任何一個 $(x + ct)$ 的函數也是解。由於波動方程中只包含 c^2，改變 c 的正負號並不會引起任何差別。事實上，一維波動方程的**最一般性**的解是兩個任意函數之和，其中一個是 $(x - ct)$ 的函數，而另一個是 $(x + ct)$ 的函數：

$$\psi = f(x - ct) + g(x + ct) \qquad (20.24)$$

第一項代表朝正 x 方向行進的波，而第二項則代表任朝負 x 方向行進的波。通解是同時存在的這兩種波的疊加。

想一想

　　我們將把下述有趣的問題留給大家思考。取如下形式的函數 ψ：

$$\psi = \cos kx \cos kct$$

此方程式並不具備 $(x - ct)$ 或 $(x + ct)$ 的形式。但你可以將它直接代入 (20.20) 式中，而輕易證明此函數是波動方程的一個解。那麼，我們怎麼能夠說通解具有 (20.24) 式的那種形式呢？

　　將我們關於波動方程之解的結論，應用到電場的 y 分量 E_y 上，就可斷言：E_y 能以任何一種方式隨 x 變化。然而，確實存在的場總可以認爲是兩個圖樣的和。一個波以速率 c 朝一個方向飛躍空間，帶有垂直於電場的磁場；另一個波則以相同速率朝反方向行進。這樣的波相當於我們所熟悉的各種電磁波——光、無線電波、紅外輻射、紫外輻射、X 射線等等。我們已在第 I 卷中詳盡討論過光輻射。由於在那裡所學到的每件事都可應用到任何電磁波，我們無需在此處詳盡討論這些波的性質。

　　我們也許應該對電磁波的偏振問題進一步作幾點評述。在前面的解中，我們限於考慮電場只有一個 y 分量這種特殊情況。顯然還有另一個解，其中的波朝正或負 x 方向行進，而電場只有一個 z 分量。由於馬克士威方程組是線性的，沿 x 方向傳播的一維波之通解是 E_y 波與 E_z 波之和。此一通解可歸納成下列的方程式：

$$E = (0, E_y, E_z)$$
$$E_y = f(x - ct) + g(x + ct)$$
$$E_z = F(x - ct) + G(x + ct)$$
$$B = (0, B_y, B_z)$$
$$cB_z = f(x-ct) - g(x + ct)$$
$$cB_y = -F(x - ct) + G(x + ct)$$

(20.25)

這樣的電磁波具有一個 E 向量，其方向不固定，而是在 yz 平面上按某種任意方式旋轉。在每一點上，磁場總是垂直於電場與傳播方向。

假如只有在一個方向、比如正 x 方向上行進的波，則有一個簡單的定則告訴我們關於電場與磁場的相對取向。該法則如下：外積 $E \times B$ —— 當然，這是同時垂直於 E 和 B 的向量 —— 指向波正在行進的方向。假如從 E 旋轉至 B 是按右手螺旋法則，則這個螺旋指向波速度的方向。（我們以後將看到，向量 $E \times B$ 具有特殊的物理意義，它是描述電磁波中能量流動的向量。）

20-2 三維波

我們現在轉向三維波這個主題。我們已經見到向量 E 滿足波動方程。直接從馬克士威方程組來論證也容易得出同樣的結論。假設我們是從方程式

$$\nabla \times E = -\frac{\partial B}{\partial t}$$

出發，並對等號兩邊取旋度

$$\boldsymbol{\nabla} \times (\boldsymbol{\nabla} \times \boldsymbol{E}) = -\frac{\partial}{\partial t} (\boldsymbol{\nabla} \times \boldsymbol{B}) \qquad (20.26)$$

你將會記得，任一向量之旋度的旋度可寫成兩項之和，其中一項含有散度，而另一項含有拉普拉斯算符，即

$$\boldsymbol{\nabla} \times (\boldsymbol{\nabla} \times \boldsymbol{E}) = \boldsymbol{\nabla}(\boldsymbol{\nabla} \cdot \boldsymbol{E}) - \nabla^2 \boldsymbol{E}$$

然而，在自由空間中，$\boldsymbol{E}$ 的散度為零，因而只有拉普拉斯算符那一項才保留下來。並且，根據自由空間中的第四個馬克士威方程式（(20.12)式），$c^2 \boldsymbol{\nabla} \times \boldsymbol{B}$ 的時間導數等於 $\boldsymbol{E}$ 對時間 t 的二次導數：

$$c^2 \frac{\partial}{\partial t} (\boldsymbol{\nabla} \times \boldsymbol{B}) = \frac{\partial^2 \boldsymbol{E}}{\partial t^2}$$

於是(20.26)式變成

$$\nabla^2 \boldsymbol{E} = \frac{1}{c^2} \frac{\partial^2 \boldsymbol{E}}{\partial t^2}$$

這是三維波動方程。將細節完整寫出，這一方程式當然就是

$$\frac{\partial^2 \boldsymbol{E}}{\partial x^2} + \frac{\partial^2 \boldsymbol{E}}{\partial y^2} + \frac{\partial^2 \boldsymbol{E}}{\partial z^2} - \frac{1}{c^2} \frac{\partial^2 \boldsymbol{E}}{\partial t^2} = 0 \qquad (20.27)$$

我們如何找出波的通解呢？答案如下：三維波動方程的所有解，均可表成我們已找到的那些一維解的疊加。我們假定場並未取決於 y 和 z，而獲得沿 x 方向運動的波動方程。顯然，還有別的解，其中的場並不取決於 x 和 z，而代表沿 y 方向行進的波。然後還有一些解與 x 和 y 無關，而代表沿 z 方向行進的波。或者一般來說，由於我們將方程式寫成向量形式，三維波動方程可以有朝任一

方向運動的平面波這種解。再則，由於方程式是線性的，我們可以同時擁有隨心所欲的沿盡可能多的不同方向行進的平面波。因而三維波動方程最一般性的解，就是朝所有不同方向運動的所有各種平面波的疊加。

　　試著想像此刻存在於這個講堂空間中的電場與磁場看起來是如何。首先，有一個穩定磁場，它來自地球內部的電流──亦即地球的穩定磁場。然後有一些不規則的、幾乎是靜態的電場，或許是因為各人在椅子上移動以及他們大衣的袖子擦過椅臂時因摩擦而產生的電荷所引起的。然後是電線中的振盪電流所產生的其他磁場──以 60 赫茲的頻率變化且與波爾德水壩的發電機同步的場。但是那些以高得多的頻率在變化的電場與磁場更為有趣。例如，當光從窗戶至地板、從這面牆至那面牆行進時，就有電場與磁場的微小振動，以每秒 186,000 英里的速率隨著運動。然後有紅外輻射，從溫暖的額頭發出，行進至較冷的黑板。而我們還遺漏了紫外輻射、 X 射線，以及穿越過這個房間的各種無線電波。

　　飛躍這個房間的，還包括載有爵士樂隊之音樂的電磁波。也有受到一系列脈衝所調制的波，這些脈衝代表世界其他地方正在發生的事情的圖像，或者想像中的阿斯匹林在胃裡溶解的圖像。要演示這些波的真實性，只要打開電子設備，將這些波轉換成圖像和聲音就行了。

　　假如我們甚至更詳盡分析那些最小的振動，便有從極遠處來到這房間的微小電磁波。此刻就有這種電場的微小振盪，其波峰相距 1 英尺，這是來自幾百萬英里之外、才剛剛飛越金星的「水手二號」（Mariner II）太空船所傳送回地球的。太空船的訊號載著它蒐集到的金星資訊總匯（由該行星行進至太空船的電磁波所提供的資訊）。

　　此外，還有極微小的電場與磁場振動，是源自數十億光年以外

——從宇宙最遙遠角落的星系發出的波。這件事情的真實性已經由「用導線充滿房間」（filling the room with wires）——即建造有如這房間般大的天線——而找到了。我們已偵測到這類在最大光學望遠鏡所能及範圍之外的無線電波。即使是光學望遠鏡也不過是電磁波的蒐集器而已。我們所稱的恆星只是一些推斷，即我們迄今從它們所獲得的唯一物理事實所作出的推斷——仔細研究到達地表的電磁場的無數複雜波盪而得出的結果。

當然，還有更多的電磁場：數英里外的閃電所產生的場、帶電的宇宙射線粒子咻的一聲穿越這個房間時所產生的場，還有更多更多。你周圍空間內的電場竟是如此複雜！然而電場始終滿足三維波動方程。

20-3 科學想像

我曾要求你們想像一下這些電場與磁場。你們要怎麼做呢？你們知道如何做嗎？**我**如何想像電場與磁場呢？**我**實際上看到了什麼呢？科學想像的要求為何？它與嘗試去想像這房間裡充滿著看不見的天使究竟有何區別？不，這與想像看不見的天使是不相同的。

理解電磁場比理解看不見的天使要有高得多的想像力。為什麼？因為要使那些看不見的天使可以理解，我所必須做的一切只是將祂們的性質做**一點點**改變——我讓祂們變成稍微可見，這樣我就能看到祂們的翅膀、軀體和光環的形狀了。一旦我成功想像出一個看得見的天使，那麼所必須做的抽象化——即接納幾乎看不見的天使，而將祂們想像成完全是看不見的——就相對容易了。所以你會說：「教授，請給我電磁波的近似描述吧，即使描述可能還是有些不正確，以便我也能像看到幾乎看不見的天使那樣看到電磁波。然

後我會將圖像修改成那所需的抽象化。」

　　對不起，我無法為你做這件事。我並沒有這電磁場就任何意義而言的準確圖像。我知道電磁場已經很長一段時間了 —— 25 年前我的處境與你們現在正好相同，而我已經有了多出 25 年來琢磨這些振動波的經驗。當我開始描述穿越過空間的電磁場時，我談及 E 場和 B 場並揮動著雙臂，而你可能就想像成我能夠看見它們。我將告訴你我看到了什麼。我看到了某種模糊的、像陰影般、正在晃動的線 —— 在這裡或那裡，以某種方式標注著 E 和 B，而也許有些線還帶著箭頭 —— 當我太接近的考察它們時，這裡或那裡的箭頭將消失不見。當我談及颼的飛過空間中的那些場時，用來描述對象的符號與對象本身之間存在一種極度的混淆。我確實無法得到哪怕是僅僅接近真實波的一種圖像。所以倘若你對得出這樣一種圖像感到困難的話，你也不必擔心這種困難是異乎尋常了。

　　我們的科學對想像有極度的要求，所需的程度比起對一些古老概念所要求的極端得多。現代的概念遠較難於想像。儘管如此，我們還是用了大量的工具。我們用了數學方程式和法則，並得出許多的圖像。我現在所認識的是：當我談及空間中的電磁場時，我看到的是所有那些我曾見過的相關圖像的某種疊加。我並未看到在周圍奔跑的小束場線，因為我擔心，若我以另一速率跑過，那些線束將消失不見。甚至我並非總是看見這些電場與磁場，因為我有時還想到，應當有一幅用向量位勢與純量勢來表示的圖像，原因在於它們也許是正在振動中的、更具有物理意義的東西。

　　你會說，也許唯一的希望就是採取數學觀點。那麼數學觀點又是什麼呢？就數學觀點而言，空間中每一點有一個電場向量與磁場向量；即共有六個數字與一個點相聯繫。你能夠想像空間中的每一個點與六個數字相聯繫嗎？這太困難了。即使每一個點只與**一個**數

字相聯繫，你能夠想像嗎？我不能！我只能想像在空間中每一點上有像溫度那樣的東西。這似乎還可理解。從一處到另一處，冷和熱在變化著。但老實說，我並不能理解在每一點上有一個**數字**這個概念。

因此，也許應該這樣來提出問題：我們能否將電場表達成更像溫度那樣的東西，比方說像一塊凝膠的位移呢？假設我們從這樣來開始，即想像世界充滿著一種稀薄凝膠，而場則代表凝膠中的某種畸變——比如說伸長或扭曲。這就是許多年來人們企圖做到的。馬克士威、安培、法拉第及其他人，都曾嘗試以此種方式去理解電磁學（有時他們稱此一抽象化的凝膠為「以太」）。但事實證明，按這種方式去理解電磁場的嘗試，實際上是停滯不前的。可惜我們始終局限於抽象化、應用儀器來偵測場，利用數學符號來描述場等等。然而，在某種意義上，場卻是真實的，因為在我們完全結束對數學方程式的反覆擺弄後——不管是否得出圖像和圖畫，或試著去讓東西視覺化，我們仍然能夠使儀器探測出來自「水手二號」的訊號，並找出遠在幾十億英里之外的星系等等。

科學想像的整個問題往往為其他領域的人們所誤解。他們試圖以下述方式來測試我們的想像力。他們說：「這裡就是一些人對於某種狀況的一幅圖像。你想像接著將發生什麼呢？」我說：「我想像不出來。」這時，他們可能就認為我的想像力太薄弱了。他們忽略了一樁事實，即在科學中**容許**我們去想像的東西，無論那是什麼，都必須**與我們已知道的其他每一件事一致**：我們談及的電場與波，並非我們隨心所欲創造出來的愉快想法，而是必須與我們已知的所有物理定律都符合一致的一些概念。我們不能容許自己去認真想像那些明顯與已知自然定律相矛盾的東西。因而我們的這一種想像力乃是十分困難的玩意兒。人們得要有琢磨一些從未見過或聽說

過的東西的想像力，同時這些想法又好比是被束縛在一件緊身衣裡，即受到來自我們對於自然界真實情況的知識的那些條件所限制。創造出某種新的東西，但又要同以前見過的每一件東西一致，是一件極端困難的事。

　　趁正在談這個主題的時候，我想談一下是否有可能想像出我們無法**見到**的那種**美**。這是一個饒富興味的問題。當我們注視彩虹時，對我們來說，它看起來是美麗的。每個人都會說：「啊，彩虹。」（你看我是多麼科學，我不敢說出某一件東西是美麗的，除非我有方法可以用**實驗**來對它下定義。）可是假如我們都是盲眼的，又該如何去描述彩虹呢？當我們測量氯化鈉的紅外反射係數時，或當我們談及來自某一看不見的星系之波的頻率時，我們**確實是**盲眼的——我們會作出一幅圖，畫出一條曲線。

　　例如，對於彩虹而言，這樣的曲線應當是在天空中的每一個方向上用分光光度計所測得的輻射強度對波長關係的圖形。在一般情況下，這樣的測量應當給出一條相當平緩的曲線。然後有一天，在某些氣候條件下，並在天空的某一角度上，某人發現做為波長函數的光譜強度表現得有些奇怪；出現了一個突起的地方。當儀器的角度只有些微改變時，此突出的峰會從一波長移至另一波長。然後有一天，這些盲人所辦的《物理評論》期刊也許會發表一篇題為〈在某些氣候條件下做為角度函數的輻射強度〉的學術論文。這篇論文中，也許會出現一幅如圖 20-5 所示的圖。作者可能會指出，在較大角度上有較多輻射集中在長波區，而對於較小的角度，輻射的峰值出現在較短波長區。（從我們的觀點而言，我們會說：在 40° 上，綠光占優勢，而在 42° 上則紅光占優勢。）

　　那麼。我們覺得圖 20-5 的曲線美麗嗎？它所包含的，比我們看彩虹時所理解的要詳盡得多，因為我們的眼睛無法從光譜的形狀中

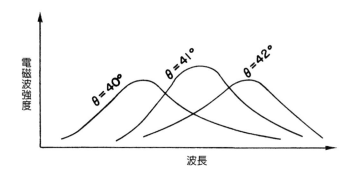

圖 20-5　在（從與太陽相反方向量起的）三個角度處做為波長之函數的電磁波強度，這只是在某種氣象條件下進行測量的結果。

看到其精確細節。然而，眼睛卻能感覺到彩虹是美麗的。我們的想像力是否足以在光譜曲線中，看到如同我們直接注視彩虹時所看到的那同一種美呢？我不知道。

　　但假定我有一幅關於氯化鈉的反射係數做為紅外區波長的函數、且也做為角度的函數的圖形。要是眼睛能看到紅外輻射——也許是一種燦爛奪目的「綠色」，混雜著從表面反射而來的「金屬紅」——那麼對於雙眼會看出它像個什麼樣，我該有一種表示法了。那該是一件美麗的事物，但我不知道，有一天當我看到用某種儀器測量出 NaCl 的反射係數圖形時，是否便能說出它具有同一種美。

　　另一方面，即使我們無法在具體的測量結果中看到美，我們也已**能夠**宣稱在描述普遍物理定律的方程式中看見了某種美。例如，在動波方程(20.9)式中，就存在 x、y、z 和 t 表現出的規則性的那種優美。而這種在 x、y、z 和 t 的形式上所呈現出的優美對稱性，意味著一種更爲偉大的美，那是關於四維方面的，即空間具有四維對稱的可能性，在經過分析之後發展成狹義相對論的那種可能性。因此，方程式聯繫著豐富的智力之美。

20-4　球面波

我們已看到對應到平面波的波動方程的解，而任何電磁波均可描述成許多平面波的疊加。然而，在某些特殊的情況下，用一種不同的數學形式來描述波場，將更為方便。我們現在想要討論球面波理論，球面波是對應到從某個中心向外擴展成球面的那類波。當你把一塊石頭扔進湖中時，漣漪將在水面上以圓形波的形式擴展出去──它們是二維波。球面波與此類似，只不過是在三維中擴展出去罷了。

在開始描述球面波之前，我們需要一些數學。假設我們有一個只取決於從某一原點量起的徑向距離 r 的函數──換句話說，就是一個球對稱的函數。讓我們稱這個函數為 $\psi(r)$，其中 r 指的是

$$r = \sqrt{x^2 + y^2 + z^2}$$

即與原點間的徑向距離。為了找出哪些函數 $\psi(r)$ 滿足波動方程，我們需要一個 ψ 的拉普拉斯算符的表達式。因此我們要找出 ψ 對 x、y、z 和 t 的二次導數的和。我們將採用下述記法：$\psi'(r)$ 表示 ψ 對 r 的導數，而 $\psi''(r)$ 表示 ψ 對 r 的二次導數。

首先，我們求對 x 的導數。其一次導數為

$$\frac{\partial \psi(r)}{\partial x} = \psi'(r)\frac{\partial r}{\partial x}$$

ψ 對 x 的二次導數為

$$\frac{\partial^2 \psi}{\partial x^2} = \psi''\left(\frac{\partial r}{\partial x}\right)^2 + \psi'\frac{\partial^2 r}{\partial x^2}$$

我們可從以下式子，計算 r 對 x 的偏導數：

$$\frac{\partial r}{\partial x} = \frac{x}{r}, \qquad \frac{\partial^2 r}{\partial x^2} = \frac{1}{r}\left(1 - \frac{x^2}{r^2}\right)$$

因此 ψ 對 x 的二次導數爲

$$\frac{\partial^2 \psi}{\partial x^2} = \frac{x^2}{r^2}\,\psi'' + \frac{1}{r}\left(1 - \frac{x^2}{r^2}\right)\psi' \tag{20.28}$$

同理,

$$\frac{\partial^2 \psi}{\partial y^2} = \frac{y^2}{r^2}\,\psi'' + \frac{1}{r}\left(1 - \frac{y^2}{r^2}\right)\psi' \tag{20.29}$$

$$\frac{\partial^2 \psi}{\partial z^2} = \frac{z^2}{r^2}\,\psi'' + \frac{1}{r}\left(1 - \frac{z^2}{r^2}\right)\psi' \tag{20.30}$$

拉普拉斯算符等於這三個導數之和。記住 $x^2 + y^2 + z^2 = r^2$,我們得到

$$\nabla^2\psi(r) = \psi''(r) + \frac{2}{r}\,\psi'(r) \tag{20.31}$$

將此方程式寫成如下形式,往往更爲方便:

$$\nabla^2\psi = \frac{1}{r}\frac{d^2}{dr^2}(r\psi) \tag{20.32}$$

假如你將 (20.32) 式中標明的微分算出來的話,將看到等號右邊與 (20.31) 式相同。

假如我們希望考慮能以球面波傳播的球對稱場,則我們的場量必須是 r 和 t 兩者的函數。那麼,假定我們問何種函數 $\psi(r, t)$ 是如下三維波動方程的解:

$$\nabla^2\psi(r, t) - \frac{1}{c^2}\frac{\partial^2}{\partial t^2}\,\psi(r, t) = 0 \tag{20.33}$$

既然 $\psi(r, t)$ 只經由 r 而取決於空間座標,我們可用上文已找到的拉普拉斯算符的方程式,即 (20.32) 式。然而,爲了精確起見,既然 ψ

也是 t 的函數,我們應該將對 r 的導數寫成偏導數。於是波動方程
變成

$$\frac{1}{r} \frac{\partial^2}{\partial r^2} (r\psi) - \frac{1}{c^2} \frac{\partial^2}{\partial t^2} \psi = 0$$

現在我們必須解出這個方程式,這看起來遠比平面波的情況複
雜。但請注意,假如以 r 乘上述方程式,我們得到

$$\frac{\partial^2}{\partial r^2} (r\psi) - \frac{1}{c^2} \frac{\partial^2}{\partial t^2} (r\psi) = 0 \qquad (20.34)$$

上式告訴我們:函數 $r\psi$ 滿足變數為 r 的一維波動方程。利用我們
慣於強調的那個普遍原理,即相同的方程式總是有相同的解,那麼
我們知道,假如 $r\psi$ 只是 $(r - ct)$ 的函數,則它將是 (20.34) 式的
解。所以我們知道,球面波必定具有如下形式:

$$r\psi(r, t) = f(r - ct)$$

或者,如同我們已見過的,我們也同樣可以說,$r\psi$ 具有如下形式:

$$r\psi = f(t - r/c)$$

兩邊同除 r,我們發現場量 ψ(無論它是什麼)具有如下形式:

$$\psi = \frac{f(t - r/c)}{r} \qquad (20.35)$$

這樣的函數代表從原點出發、以速率 c 向外傳播的一般性球面波。
假如我們暫時不理會分母上的 r,則在給定時刻,做為從原點起算
的距離函數之波幅具有一定形狀,且以速率 c 向外行進。然而,分
母上的因子 r 說明了當波傳播時,波幅依 $1/r$ 減小。換句話說,不
同於波行進時波幅維持不變的平面波,在球面波中,波幅不斷遞
減,如圖 20-6 所示。從簡單的物理論證,就可輕易瞭解此一效應。

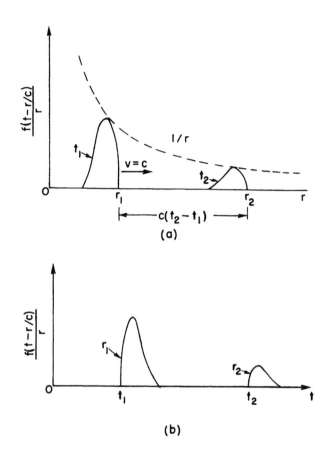

圖 20-6　球面波 $\psi = f(t - r/c)/r$。(a) 做為 r 函數的 ψ 在 $t = t_1$ 時刻的情況，和同一個波在較晚時刻 t_2 的情況；(b) 做為 t 函數的 ψ 在 $r = r_1$ 處的情況，和同一個波在 r_2 處所看到的情況。

　　我們知道，波中的能量密度取決於振幅的平方。當波擴散時，其能量擴展至愈來愈大的面積，面積與徑向距離平方成正比。假如總能量守恆的話，則能量密度必定依 $1/r^2$ 下降，而波幅必須依 $1/r$ 減小。所以 (20.35) 式是球面波的「合理」形式。

我們忽略了一維波動方程的第二種可能解：

$$r\psi = g(t + r/c)$$

即

$$\psi = \frac{g(t + r/c)}{r}$$

這也代表一個球面波，但它是從較大的 r 處朝原點**往內**行進的波。

我們現在要作一個特殊的假定。在不做任何證明之下，我們陳述道：由源產生的波，都只**向外**行進。既然我們瞭解波是由電荷運動引起的，我們想像波是由電荷那兒向外發出。要想像在電荷開始運動之前，就有一個球面波從無限遠處出發，且恰好在電荷正要開始運動時，抵達電荷所在之處，這顯得相當奇怪。這是一個可能的解，但經驗表明，當電荷加速時，波是由電荷那兒向外行進。雖然馬克士威方程組容許這兩種可能性中的任一者，但我們想放進一項**附加事實**——立基於經驗——即只有向外行進的波這類解才具有「物理意義」。

然而，我們應指出，上述附加假設會帶來有趣的結果：我們消除了馬克士威方程組中存在的時間對稱性。原來的 E 和 B 方程式，以及從它們導出的波動方程，都具有一種性質，即假如改變 t 的正負號，方程式並不會改變。這些方程式表明，對應於沿某一方向行進之波的每一個解，就有一個沿相反方向行進之波是同樣適合的解。我們只考慮向外行進的球面波，這個聲明是很重要的附加假設。（避免此附加假設的一種電動力學表述方式已經過仔細的研究。令人驚訝的是，在許多情況下，它**並未**導致物理上的荒謬結論，但若此刻就來討論這些概念，未免離題太遠了。我們將在第 28 章再多談一些。）

我們必須提及另一要點。在向外行進之波的解，即(20.35)式中，函數 ψ 在原點是無窮大的。這多少有些奇怪。我們願意有一個處處都平滑的波動解。我們的解，在物理上必須代表有某個源位於原點上的情況。換句話說，我們已因疏忽而犯了一個錯誤。我們並未解得(20.33)式中的自由波動方程在**每一處**的解；我們解得的是，(20.33)式等號的右邊除原點外處處都等於零的情形。此錯誤所以會趁虛而入，是因爲在我們的推導過程中，某些步驟在 $r = 0$ 時是不「合法的」。

讓我們來證明：在靜電問題中，也很容易犯同類錯誤。假定我們想求出自由空間中靜電位方程 $\nabla^2 \phi = 0$ 的解。拉普拉斯算符等於零，因爲我們假定在任何地方都沒有電荷。但此方程的一個球對稱解——即僅取決於 r 的某一函數 ϕ——將是怎樣的呢？利用(20.32)的拉普拉斯算符公式，我們有

$$\frac{1}{r}\frac{d^2}{dr^2}(r\phi) = 0$$

將上式乘以 r，我們得到一個容易積分的方程式

$$\frac{d^2}{dr^2}(r\phi) = 0$$

假如對 r 積分一次，我們得到 $r\phi$ 的一次導數爲常數，稱它爲 a：

$$\frac{d}{dr}(r\phi) = a$$

再積分一次，我們得到 $r\phi$ 具有如下形式：

$$r\phi = ar + b$$

其中 b 是另一積分常數。所以我們已發現下列的 ϕ 是自由空間中靜電位的一個解：

$$\phi = a + \frac{b}{r}$$

　　顯然有些地方錯了。在 沒有電荷的區域內，我們知道靜電位的解：在任何一處，位勢都是常量。這相當於我們解中的第一項。但我們還有第二項，它說明有一個與離原點的距離成反比的貢獻。然而，我們知道，這樣的位勢對應到一個位於原點的點電荷。因此，雖然我們認爲是在對自由空間中的位勢求解，但我們的解也給出了一個位於原點之點電荷（源）的場。目前所發生的事，與先前當我們對波動方程求一個球對稱解時所發生的事，這兩者之間有相似性，你是否看出來了呢？要是在原點上眞的沒有電荷或電流，就不會有向外行進的球面波。當然，球面波必得由原點處的源所產生。在下一章中，我們將探討向外行進的電磁波與產生它們的電流與電壓之間的關係。

第 21 章

馬克士威方程組在有電流與電荷時的解

21-1　光與電磁波

我們在上一章中已看到，在馬克士威方程組的解中就有電及磁的波。這些波相當於無線電波、光、X射線等現象，視波長而定。我們已在第 I 卷中詳盡的學習過光學。本章將把這兩門學科結合起來——我們要證明，馬克士威方程組確實能構成我們先前對光現象所作的處理的基礎。

從前我們學習光學時，是由寫出以任意方式運動中的電荷所產生之電場與磁場的方程式開始的。那些方程式為

$$E = \frac{q}{4\pi\epsilon_0}\left[\frac{e_{r'}}{r'^2} + \frac{r'}{c}\frac{d}{dt}\left(\frac{e_{r'}}{r'^2} \right) + \frac{1}{c^2}\frac{d^2}{dt^2}e_{r'} \right] \qquad (21.1)$$

和

$$cB = e_{r'} \times E$$

（請見第 I 卷的 (28.3) 與 (28.4) 式。如下所解釋，這裡的正負號與以前所用的相反。）

倘若電荷是以一種任意方式運動，那麼我們**此刻**在某一點所找到的電場，並非取決於電荷此刻的位置與運動，而僅僅取決於一個**較早**時刻（早了光以速率 c 行經電荷至場點的距離 r' 所需之時間）的位置與運動。換句話說，若要得到於時刻 t 在點 (1) 處之場，就必須算出在 $(t - r'/c)$ 時刻電荷所處的位置 (2') 及其運動，其中 r'

請複習：第 I 卷第 28 章〈電磁輻射〉、第 I 卷第 31 章〈折射率的來源〉、第 I 卷第 34 章〈輻射的相對論效應〉。

是在 $(t - r'/c)$ 時刻從電荷位置 (2') 至點 (1) 的距離。加上一撇，是為了提醒你們，r' 是所謂的從點 (2') 至點 (1) 的「推遲距離」，而非電荷在 t 時刻的位置，即點 (2) 至該場點 (1) 的實際距離（見圖 21-1）。

　　注意，我們正在採用規定單位向量 $\mathbf{e}_r$ **方向**的新規則。在第 I 卷第 28 章和第 34 兩章中，爲了方便，曾選取 $\mathbf{r}$（因而 $\mathbf{e}_r$）的方向是**指向**源處。而我們現在要依循庫侖定律的定義，其中 $\mathbf{r}$ 的方向是**從**點 (2) 處的電荷**指向**點 (1) 處的場。當然，唯一不同之處是，我們的新 $\mathbf{r}$（和 $\mathbf{e}_r$）就是那些舊的對應量的負值。

　　我們也已看到，若電荷的速度 v 總是比 c 小得多，而且我們只考慮那些距離電荷很遠的點，使得只有 (21.1) 式中的最後一項才算重要，則場也就可寫成

$$E = \frac{q}{4\pi\epsilon_0 c^2 r'} \left[\begin{array}{l} \text{電荷在} (t - r'/c) \text{ 時刻的加速度} \\ \text{垂直於 } r' \text{方向的投影} \end{array} \right] \tag{21.1'}$$

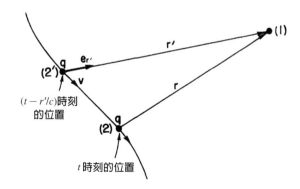

圖 21-1　　t 時刻在點 (1) 處的場，取決於在 $(t - r'/c)$ 時刻電荷 q 所占據的位置 (2')。

和

$$cB = e_{r'} \times E$$

讓我們稍微詳盡的考察一下完整的(21.1)公式所陳述的內容。向量 $e_{r'}$ 是從推遲位置 (2′) 指向點 (1) 的單位向量。那麼第一項便是我們期待電荷在其推遲距離上的庫侖場——我們可稱此為「推遲庫侖場」。電場與距離的平方成反比，並且從電荷的推遲位置向外指（也就是在 $e_{r'}$ 的方向上）。

但那只是第一項。其他兩項告訴我們：電學定律並**未**陳述過，所有的場，除了推遲之外，都與靜場相同（人們有時喜歡這樣說）。對於該「推遲庫侖場」，我們還必須加上其他兩項。式中的第二項說明：對於推遲庫侖場應有一「修正」項，那就是推遲庫侖場的**變化率**乘以延遲所耽擱的時間 r'/c。以某種方式來說，這一項傾向於**補償**第一項的推遲效應。前**兩**項相當於算出「推遲庫侖場」，然後將它外推至 r'/c 這段時間後的未來，即**一直外推至** t **時刻**！這一外推是線性的，就好像假定「推遲庫侖場」應以對電荷在點 (2′) 所計算得的變化率繼續變化似的。假若場緩慢變化，則推遲效應就幾乎完全給修正項所抵消，而這兩項合在一起，便在很好的近似程度上，為我們提供了「瞬時庫侖場」這樣一種電場——即在點 (2) 處的電荷的庫侖場。

最後，(21.1)式中還有第三項，它是單位向量 $e_{r'}$ 的二次微分。在我們學習光學時，曾利用過如下事實：在離電荷很遠的地方，前兩項都與距離的平方成反比，因而對於很遠的距離來說，比起隨著 $1/r$ 下降的第三項，前兩項就變得十分微弱了。因此我們完全集中在這最末項上，且我們也曾證明過（又是對遠距離而言），這一項正比於電荷的加速度垂直於視線的分量。（並且，我們在第 I 卷中

的工作，都是考慮其中電荷正在作非相對論性運動的那一種情況。我們只有在第34章這一章中才考慮過相對論性效應。）

　　現在，我們應嘗試將這兩件東西聯繫起來。我們既有馬克士威方程組，也有關於點電荷的場的(21.1)式。我們肯定會問這兩者是否等效。倘若我們能從馬克士威方程組導出(21.1)式，將可真正理解光與電磁學之間的聯繫。建立這種聯繫，就是本章的主要目標。

　　事實證明，我們不能將這種聯繫完全建立起來──數學細節變得過於複雜，以致於我們無法徹底完成。但我們仍將進行至足夠接近的地步，以便你們可容易看出如何建立起該聯繫。所遺漏的部分，將只是一些數學細節。你們當中有些人可能會覺得本章中的數學相當複雜，因而不願緊跟住那些論證。然而，我們認為，把你們以前學到的東西與現在正在學習的東西聯繫起來，或者至少指出這樣一種聯繫如何可以建立，這樣做是十分必要的。假如你將以前各章瀏覽一下，就會注意到，每當我們取一種說法做為討論的起點時，總要小心的解釋它是否屬於某一條「基本定律」的一種新「假設」，還是最終可以從某些其他定律推導出來。多虧你們對這些演講的熱切心意，我們才準備來建立光與馬克士威方程組之間的聯繫。若在某些地方變得太困難，噢，那就是生活──沒有別的途徑可走。

21-2 由點源產生的球面波

　　在第18章中，我們曾發現，經由令

$$E = -\nabla\phi - \frac{\partial A}{\partial t} \tag{21.2}$$

和

$$\boldsymbol{B} = \boldsymbol{\nabla} \times \boldsymbol{A} \qquad (21.3)$$

馬克士威方程組是可以求解的，其中 ϕ 和 $\boldsymbol{A}$ 必須是下列兩方程式

$$\nabla^2 \phi - \frac{1}{c^2} \frac{\partial^2 \phi}{\partial t^2} = -\frac{\rho}{\epsilon_0} \qquad (21.4)$$

和

$$\nabla^2 \boldsymbol{A} - \frac{1}{c^2} \frac{\partial^2 \boldsymbol{A}}{\partial t^2} = -\frac{\boldsymbol{j}}{\epsilon_0 c^2} \qquad (21.5)$$

的解，並且須滿足條件

$$\boldsymbol{\nabla} \cdot \boldsymbol{A} = -\frac{1}{c^2} \frac{\partial \phi}{\partial t} \qquad (21.6)$$

現在要找出(21.4)和(21.5)兩式的解。爲此，就得解方程式

$$\nabla^2 \psi - \frac{1}{c^2} \frac{\partial^2 \psi}{\partial t^2} = -s \qquad (21.7)$$

中的 ψ，其中我們稱之爲源的 s 是已知的。當然，對於 (21.4) 式來說，s 相當於 ρ/ϵ_0，而 ψ 相當於 ϕ；或者若 ψ 爲 A_x，則 s 爲 $j_x/\epsilon_0 c^2$，等等；但我們要把 (21.7) 式當作一個數學問題來求解，而不管 ψ 和 s 在物理上指的是什麼。

在 ρ 和 $\boldsymbol{j}$ 都等於零的那些地方——即我們稱爲「自由」空間的地方，位勢 ϕ 和 $\boldsymbol{A}$、以及場 $\boldsymbol{E}$ 和 $\boldsymbol{B}$，都滿足沒有源的三維波動方程，其數學形式爲

$$\nabla^2 \psi - \frac{1}{c^2} \frac{\partial^2 \psi}{\partial t^2} = 0 \qquad (21.8)$$

我們在第 20 章中曾看到，這一方程式的解可代表不同類型的波：在 x 方向上的平面波 $\psi = f(t - x/c)$；在 y 或 z 方向，或其他任一方向上的平面波；或者具有如下形式的球面波：

$$\psi(x, y, z, t) = \frac{f(t - r/c)}{r} \qquad (21.9)$$

（解還可以按其他方式寫出，比如從一根軸線向外擴散的柱面波。）

我們也曾指出，在物理上，(21.9) 式並不代表自由空間裡的波 —— 一定要在原點處存在電荷，才能啟動向外行進的波。換句話說，(21.9) 式是 (21.8) 式在各處的解，只除了在很靠近 $r = 0$ 處，在那裡，(21.9) 式必定是包含了某些源的完整方程式 (21.7) 的一個解。讓我們看看這是怎麼回事。(21.7) 式中要有什麼樣的源 s，才能產生像 (21.9) 式那樣的波？

假設我們有 (21.9) 式的球面波，並考察在 r 十分微小處所發生的情況。則 $f(t - r/c)$ 中的 $-r/c$ 這一推遲是可以忽略的，假如 f 是平滑函數的話，因而 ψ 就變成

$$\psi = \frac{f(t)}{r} \qquad (r \to 0) \qquad (21.10)$$

所以 ψ 就好像在原點處的一個隨時間變化的電荷之庫侖場。這就是說，要是有一小堆電荷局限在原點附近的小區域裡，並具有密度 ρ，我們將知道

$$\phi = \frac{Q/4\pi\epsilon_0}{r}$$

式中 $Q = \int \rho \, dV$。而我們知道，這樣的 ϕ 會滿足方程式

$$\nabla^2\phi = -\frac{\rho}{\epsilon_0}$$

根據相同的數學，我們可以說，(21.10) 式中的 ψ 滿足

$$\nabla^2 \psi = -s \qquad (r \to 0) \qquad (21.11)$$

其中 s 與上面 f 的關係為

$$f = \frac{S}{4\pi}$$

而且

$$S = \int s\, dV$$

唯一不同之處是：在普遍的情況下，s，從而 S，都可以是時間的函數。

現在，重要之事在於：若對於小 r 來說，ψ 滿足 (21.11) 式，則它也會滿足 (21.7) 式。當我們進到非常接近原點時，由於 ψ 是以 $1/r$ 這種函數隨著 r 變化，因此 ψ 對於 r 的微分變得十分大。但對於時間的微分仍保持它們原有的值。（它們不過是 $f(t)$ 的時間微分。）所以當 r 趨近於零時，(21.7) 式中的 $\partial^2 \psi / \partial t^2$ 相比起 $\nabla^2 \psi$ 項就可以忽略，而 (21.7) 式也就變成相當於 (21.11) 式了。

總而言之，若 (21.7) 式中的源函數 $s(t)$ 置於原點處，並具有總強度

$$S(t) = \int s(t)\, dV \qquad (21.12)$$

則 (21.7) 式的解就是

$$\psi(x, y, z, t) = \frac{1}{4\pi} \frac{S(t - r/c)}{r} \qquad (21.13)$$

(21.7) 式中的 $\partial^2 \psi / \partial t^2$ 項的唯一影響，是在類似庫侖電位勢中引入了推遲時間 $(t - r/c)$。

21-3 馬克士威方程組的通解

我們已找出了 (21.7) 式在點場源情況下的解。下一個問題是：對一個擴散的源，其解又如何呢？這是容易求得的：我們可以把任何源 $s(x, y, z, t)$ 都想成是由許多「點」源組成的，而對每一個體積元素 dV 就有這樣一個其源強度為 $s(x, y, z, t)\, dV$ 的「點」源。既然 (21.7) 式是線性的，合成場就等於來自所有這樣源元素之場的疊加。

利用上一節的結果（(21.13) 式），我們知道：於 t 時刻在點 (x_1, y_1, z_1)（或簡稱點 (1)）上的來自點 (x_2, y_2, z_2)（或簡稱點 (2)）的一個源元素 $s\, dV$ 之場 $d\psi$ 由下式給出：

$$d\psi(1, t) = \frac{s(2, t - r_{12}/c)\, dV_2}{4\pi r_{12}}$$

式中 r_{12} 是從 (2) 至 (1) 的距離。將來自所有各部分的源的貢獻加起來，當然就是要求出遍及所有 $s \neq 0$ 的區域的積分；因而我們有

$$\psi(1, t) = \int \frac{s(2, t - r_{12}/c)}{4\pi r_{12}}\, dV_2 \tag{21.14}$$

這就是說，於 t 時刻在點 (1) 上之場，是所有在 $(t - r_{12}/c)$ 時刻就已離開處於點 (2) 上的各個源元素的球面波之和。這就是對任意一組源的波動方程之解。

現在我們來看看如何得到馬克士威方程組的通解。若 ψ 指的是純量勢 ϕ，則源函數 s 變成 ρ/ϵ_0。我們也可以令 ψ 代表向量位勢 A 的三個分量中的任一個，並由 $j/\epsilon_0 c^2$ 的對應分量來取代 s。這樣，

若我們對每一處的電荷密度 $\rho(x, y, z, t)$ 和電流密度 $j(x, y, z, t)$ 皆為已知，我們就能立即寫下 (21.4) 和 (21.5) 兩方程式的解。它們是

$$\phi(1, t) = \int \frac{\rho(2, t - r_{12}/c)}{4\pi\epsilon_0 r_{12}} \, dV_2 \qquad (21.15)$$

和

$$A(1, t) = \int \frac{j(2, t - r_{12}/c)}{4\pi\epsilon_0 c^2 r_{12}} \, dV_2 \qquad (21.16)$$

利用 (21.2) 式和 (21.3) 式，我們便可對那些位勢微分而找出場 E 和 B。（順帶提一下，我們能夠證實，由 (21.15) 式和 (21.16) 式得到的 ϕ 和 A 確實滿足等式 (21.6)。）

我們已解出了馬克士威方程組。在任何場合下，給定電流與電荷，我們便能從這些積分直接找出位勢，然後經由微分而得到場。因此，我們已學完了馬克士威理論。這也使我們能把這一環節與光之理論銜接起來，因為要聯繫到我們以前的光的理論，只需計算出來自一個運動電荷的電場。尚待做的一切，就是取一個運動中的電荷，從這些積分算出各個位勢來，然後經由微分從 $-\nabla\phi - \partial A/\partial t$ 找出 E。我們應該得到 (21.1) 式。事實證明，有許多工作要做，但那是原則。

因此這裡正是電磁世界的中心──電和磁以及光的整套理論；對於任意一些運動電荷所產生之場的完整描述；還有更多的東西。但全都聚集在這裡了。這裡就是由馬克士威建立起來的，在威力與美感兩方面，都算得上是一種完滿的結構。它可能是物理學中最偉大的成就之一。為使你想起它的重要性，我們將它全部都蒐集在一個精緻的框架中。

馬克士威方程組：

$$\nabla \cdot E = \frac{\rho}{\epsilon_0} \qquad\qquad \nabla \cdot B = 0$$

$$\nabla \times E = -\frac{\partial B}{\partial t} \qquad\qquad c^2 \nabla \times B = \frac{j}{\epsilon_0} + \frac{\partial E}{\partial t}$$

它們的解：

$$E = -\nabla \phi - \frac{\partial A}{\partial t}$$

$$B = \nabla \times A$$

$$\phi(1, t) = \int \frac{\rho(2,\, t - r_{12}/c)}{4\pi\epsilon_0\, r_{12}}\, dV_2$$

$$A(1, t) = \int \frac{j(2,\, t - r_{12}/c)}{4\pi\epsilon_0 c^2 r_{12}}\, dV_2$$

21-4 振盪偶極的場

我們迄今尚未實現導出一個運動點電荷的 (21.1) 式這個諾言。即使用上先前已得到的結果，要推導出來仍是相當複雜的事情。除了在這套講義的第 I 卷之外，我們從未在任何已發表的文獻中找到過 (21.1) 式。* 因此你可以看出它並不是容易導出的。（當然，一個運動電荷的場曾寫成許多彼此等效的其他形式。）

＊原注：費曼在 1950 年前後推導出此一公式，並在某些演講中提到，做為同步輻射的好想法。

　　此處，我們不得不將自己限制在幾個例子中，來證實 (21.15) 和 (21.16) 式會給出與 (21.1) 式相同的結果。首先我們將證明，(21.1) 式只在帶電粒子的運動為非相對論性此一條件下，才會給出正確的場。（僅僅這一特殊情形，便將涵蓋我們過去關於光所談及的百分之九十或更多的內容。）

　　我們考慮一小滴電荷在小區域內以某種方式運動的情況，並將找出遠處的場。用另一種方式來表述，就是我們正在尋找來自在十分微小的區域內上下擺動的一個點電荷在任一距離上的場。由於光往往是從諸如原子的中性物體內發射出來，我們便認定該振動電荷 q 是處在靜止不動的大小相同、電性相反的電荷附近。假如這兩個電荷中心間的距離為 d，則這兩個電荷將擁有一個偶極矩 p = qd，我們將其視為時間的函數。現在我們應當期待，假若我們觀察靠近電荷的場，便無需擔心延遲效應；電場將與我們從前對一靜態電偶極所算得的完全相同――當然，要使用瞬時偶極 p(t)。但若我們離開得很遠，便應該在場中找到按 1/r 下降、並取決於與視線垂直的那一部分電荷之加速度的這樣一項。讓我們來看看是否會得到這樣的結果。

　　我們從利用 (21.16) 式以算出向量位勢 A 開始。假設我們的運動電荷呈一小滴，其中的電荷密度由 $\rho(x, y, z)$ 給出，而在任一時刻整滴東西以速度 v 運動。那麼電荷密度 $j(x, y, z)$ 就等於 $v\rho(x, y, z)$。選取我們的座標系使 z 軸指向 v 的方向是方便的；這時問題的幾何就如圖 21-2 所示。我們要計算以下積分：

$$\int \frac{j(2, t - r_{12}/c)}{r_{12}} \, dV_2 \tag{21.17}$$

　　若電荷滴的尺寸與 r_{12} 比起來確實非常小，我們可令分母中的 r_{12} 等於 r，即與電荷滴中心的距離，並將 r 拿出積分符號之外。其

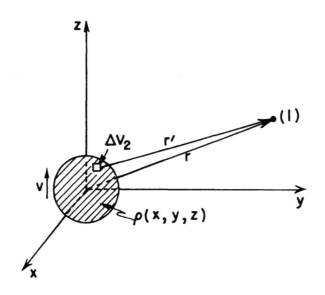

圖21-2 點(1)處的位勢由電荷密度 ρ 的積分給出。

次，也要在分子中令 $r_{12} = r$，儘管這實際上並非完全對。其所以不對，是因為我們在電荷滴的頂端取 j 與在電荷滴的底部取 j，兩者本來在時間上應稍微不同。當在 $j(t - r_{12}/c)$ 中令 $r_{12} = r$ 時，我們是在同一時刻 $(t - r/c)$ 對整個電荷滴取其電流密度的。只有當電荷的速度 v 遠比 c 為小時，這才能算是良好的近似。因此我們正在作一種非相對論性計算。以 ρv 來代替 j，積分 (21.17) 變成

$$\frac{1}{r} \int v\rho(2, t - r/c) \, dV_2$$

由於所有電荷都有同一速度，這一積分就只是 v/r 乘以總電荷 q。但 qv 正好是 $\partial p/\partial t$，即該偶極矩的變化率——這當然是在推遲時刻 $(t - r/c)$ 上算出來的。我們將把它寫成 $\dot{p}(t - r/c)$。因此對向量位

勢來說，就得到

$$A(1, t) = \frac{1}{4\pi\epsilon_0 c^2} \frac{\dot{p}(t - r/c)}{r} \qquad (21.18)$$

以上結果表明：變化偶極的電流將產生以球面波形式出現的向量位勢，其源強度為 $\dot{p}/\epsilon_0 c^2$。

我們現在可由 $\boldsymbol{B} = \boldsymbol{\nabla} \times \boldsymbol{A}$ 得到磁場。既然 $\dot{p}$ 完全落在 z 方向上，A 便只有 z 分量；在旋度中只有兩個不等於零的導數。因此，$B_x = \partial A_z/\partial y$，而 $B_y = -\partial A_z/\partial x$。讓我們首先來看看 B_x：

$$B_x = \frac{\partial A_z}{\partial y} = \frac{1}{4\pi\epsilon_0 c^2} \frac{\partial}{\partial y} \frac{\dot{p}(t - r/c)}{r} \qquad (21.19)$$

要取微分，就得記起 $r = \sqrt{x^2 + y^2 + z^2}$，於是得到

$$B_x = \frac{1}{4\pi\epsilon_0 c^2} \dot{p}(t - r/c) \frac{\partial}{\partial y}\left(\frac{1}{r}\right)$$
$$+ \frac{1}{4\pi\epsilon_0 c^2} \frac{1}{r} \frac{\partial}{\partial y} \dot{p}(t - r/c) \qquad (21.20)$$

記住 $\partial r/\partial y = y/r$，則第一項給出

$$-\frac{1}{4\pi\epsilon_0 c^2} \frac{y\dot{p}(t - r/c)}{r^3} \qquad (21.21)$$

這類似於一個靜態偶極之場，隨 $1/r^2$ 減小（因為對於某一方向來說，y/r 是個常數）。

(21.20) 式中的第二項為我們提供一些新的效應。在取微分之後，我們得到

$$-\frac{1}{4\pi\epsilon_0 c^2} \frac{y}{cr^2} \ddot{p}(t - r/c) \qquad (21.22)$$

式中 $\ddot{p}$ 當然是指 p 對時間 t 的二次導數。來自對該位勢的分子取微

分的這一項，是造成輻射的原因。首先，它描述了一個只依 $1/r$ 隨距離減小的項。其次，它取決於電荷的**加速度**。你可能開始明白，我們是如何將要得到像(21.1′) 式的結果，而它描述了光的輻射。

讓我們稍微詳盡的檢查此一輻射項從何得來──它是如此有趣而又重要的結果。我們從 (21.18) 這個式子開始，它是 $1/r$ 這種函數，因而就像一個庫侖電位勢，除了分子上的那個延遲項之外。那麼，為何當我們為得到場而對空間座標取導數時，並非恰好得到一個 $1/r^2$ 的場──當然還會有對應的時間延遲呢？

我們可依下述方式而看出其所以然：假設我們讓偶極作正弦運動那種的上下振盪。我們就該有

$$p = p_z = p_0 \sin \omega t$$

和

$$A_z = \frac{1}{4\pi\epsilon_0 c^2} \frac{\omega p_0 \cos \omega(t - r/c)}{r}$$

若我們在某一時刻描繪 A_z 做為 r 的函數圖形，將得到圖 21-3 中的曲線。峰值振幅（peak amplitude）將按 $1/r$ 減小，但除此之外還有在空間中的一種受包絡線 $1/r$ 調制的振盪。當我們對空間微分時，這些微分將與這一曲線的**斜率**成正比。從圖中我們看到，有一些比 $1/r$ 曲線本身的斜率要陡峭得多的斜率。事實上，對某一給定頻率而言，峰值斜率顯然會正比於隨 $1/r$ 變化的波幅。因此這就說明了該輻射項的下降率。

事情之發生完全是由於當波向外傳播時，源**對時間**的變化已轉換成**在空間裡**的變化，而磁場則是取決於位勢的**空間**導數。

讓我們回去完成對磁場的計算。關於 B_x 已經有 (21.21) 和 (21.22) 這兩項，因而

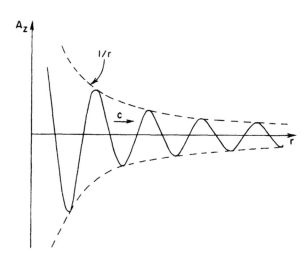

圖21-3 對來自一振盪偶極的球面波，在 t 時刻的向量位勢 A 之 z 分量大小做為 r 之函數的圖。

$$B_x = \frac{1}{4\pi\epsilon_0 c^2}\left[-\frac{y\dot{p}(t-r/c)}{r^3} - \frac{y\ddot{p}(t-r/c)}{cr^2}\right]$$

利用相同的數學計算，我們可得到

$$B_y = \frac{1}{4\pi\epsilon_0 c^2}\left[\frac{x\dot{p}(t-r/c)}{r^3} + \frac{x\ddot{p}(t-r/c)}{cr^2}\right]$$

或者，我們可將其集合在一個漂亮的向量式中：

$$\boldsymbol{B} = \frac{1}{4\pi\epsilon_0 c^2}\frac{[\dot{\boldsymbol{p}} + (r/c)\ddot{\boldsymbol{p}}]_{t-r/c} \times \boldsymbol{r}}{r^3} \qquad (21.23)$$

現在讓我們來看看這個公式。首先，若 r 很大，就只有 $\ddot{\boldsymbol{p}}$ 才算數。$\boldsymbol{B}$ 的方向由 $\ddot{\boldsymbol{p}} \times \boldsymbol{r}$ 給出，垂直於徑向量 $\boldsymbol{r}$，且垂直於加速度，如圖 21-4 所示。一切都兜在一起；這也是我們由 (21.1') 式所得到的結果。

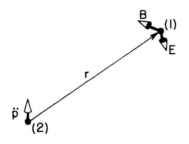

<u>圖 21-4</u>　振盪偶極的輻射場 **B** 和 **E**

　　現在，讓我們來看一看過去不熟悉的東西──即在源附近所發生的事態。在第 14-7 節中我們曾對一電流元素的磁場推出過必歐─沙伐定律。我們發現一電流元素 **j** dV 對磁場貢獻的大小為

$$dB = \frac{1}{4\pi\epsilon_0 c^2}\frac{\boldsymbol{j} \times \boldsymbol{r}}{r^3}\,dV \qquad (21.24)$$

你看到，若記起 **ṗ** 就是電流，則上式看來很像是 (21.23) 式的第一項。但有一不同之處。在 (21.23) 式中，電流是在 $(t - r/c)$ 時刻上計算出來的，而這時刻並未出現在 (21.24) 式中。然而，事實上，對於小 r 來說，(21.24) 式仍是十分精確的，因為 (21.23) 式中的**第二項**傾向於抵消掉第一項中的推遲效應。當 r 很小的時候，這兩項**合起來**給出很接近 (21.24) 式的結果。

　　我們可以用下述方式來看待這一點：當 r 很小時，$(t - r/c)$ 與 t 相差無幾，因而可以將 (21.23) 式中的中括號展開成泰勒級數。對第一項來說，

$$\dot{\boldsymbol{p}}(t - r/c) = \dot{\boldsymbol{p}}(t) - \frac{r}{c}\,\ddot{\boldsymbol{p}}(t) + 其他項$$

而第二項展開至 r/c 的同一階則為

$$\ddot{p}(t - r/c) = \ddot{p}(t)$$

當取其和時，有關 $\ddot{p}$ 的兩項互相抵消，而留給我們的只是**非推遲**電流 $\dot{p}$，即 $\dot{p}(t)$ ——加上那些屬於 $(r/c)^2$ 階或更高階的項（如 $\frac{1}{2}(r/c)^2 \dddot{p}$），對於 r 小至足以使 $\dot{p}$ 在時間 r/c 內並未顯著改變時，這些項將是十分微小的。

因此，(21.23) 式給出了一些很像瞬時理論中的場——比起那帶有延遲的瞬時理論還要接近得多；關於延遲的第一階效應已被第二項所消除。該靜態公式十分準確，其準確程度遠比你可能會想到的為高。當然，這補償作用只對非常接近源的各點才有效。對於遠離源的點，此修正會變得十分差，因為時間延遲產生了十分顯著的效應，因而我們得到了那個重要的 $1/r$ 輻射項。

我們仍有問題，我們要算出電場並證明它與 (21.1′) 式相同。對於大的距離來說，我們可看出答案將是正確的。我們知道，離源很遠且有波正在傳播的地方，E 垂直於 B（而且也垂直於 r），如圖 21-4 所示，並且 $cB = E$。因此，E 與加速度 $\ddot{p}$ 成正比，正如根據 (21.1′) 式所期待的那樣。

要完全得到在所有不同距離上的電場，我們需要求出靜電位。當算出 A 的電流積分以得到 (21.8) 式時，我們曾作一種近似，即不理延遲項中關於 r 的輕微變化。這對於靜電位來說將行不通，因為如此我們將得到 $1/r$ 乘以對電荷密度的積分，它將是一個常數。這一種近似太粗糙了。我們須進至更高一階。除了直接進行更高階的計算，我們還能做別的一些事——我們可利用已找到的向量位勢，而從 (21.6) 式確定純量勢。在我們的情況下，A 的散度就只是 $\partial A_z / \partial z$ ——因為 A_x 和 A_y 都恆等於零。我們按與上面找出 B 的同樣辦法取微分，

$$\boldsymbol{\nabla} \cdot \boldsymbol{A} = \frac{1}{4\pi\epsilon_0 c^2} \left[\dot{p}(t - r/c) \frac{\partial}{\partial z} \left(\frac{1}{r} \right) + \frac{1}{r} \frac{\partial}{\partial z} \dot{p}(t - r/c) \right]$$

$$= \frac{1}{4\pi\epsilon_0 c^2} \left[- \frac{z\dot{p}(t - r/c)}{r^3} - \frac{z\ddot{p}(t - r/c)}{cr^2} \right]$$

或者，採用向量記法，

$$\boldsymbol{\nabla} \cdot \boldsymbol{A} = - \frac{1}{4\pi\epsilon_0 c^2} \frac{[\dot{\boldsymbol{p}} + (r/c)\ddot{\boldsymbol{p}}]_{t-r/c} \cdot \boldsymbol{r}}{r^3}$$

利用(21.6)式，我們就有一個 ϕ 的方程式

$$\frac{\partial \phi}{\partial t} = \frac{1}{4\pi\epsilon_0} \frac{[\dot{\boldsymbol{p}} + (r/c)\ddot{\boldsymbol{p}}]_{t-r/c} \cdot \boldsymbol{r}}{r^3}$$

對於 t 的積分，不過是從每一個含 p 的項中移除其上的一個點，因而

$$\phi(r, t) = \frac{1}{4\pi\epsilon_0} \frac{[\boldsymbol{p} + (r/c)\dot{\boldsymbol{p}}]_{t-r/c} \cdot \boldsymbol{r}}{r^3} \tag{21.25}$$

（積分常數將相當於某一疊加上去的靜場，那當然本是可以存在的。但對於我們所取的振盪偶極來說，並沒有靜場。）

我們現在可以從

$$\boldsymbol{E} = -\boldsymbol{\nabla}\phi - \frac{\partial \boldsymbol{A}}{\partial t}$$

來找出電場 $\boldsymbol{E}$ 了。由於計算步驟繁複、但直截了當（只要你記住，$\boldsymbol{p}(t - r/c)$ 及其對時間的導數，經由推遲時間 r/c，而與 x、y、z 有關），我們只給出結果：

$$E(r, t) = \frac{1}{4\pi\epsilon_0 r^3} \left[3 \frac{(\boldsymbol{p}^* \cdot \boldsymbol{r})\boldsymbol{r}}{r^2} - \boldsymbol{p}^* \right. \tag{21.26}$$

$$\left. + \frac{1}{c^2} \{ \ddot{\boldsymbol{p}}(t - r/c) \times \boldsymbol{r} \} \times \boldsymbol{r} \right]$$

式中

$$p^* = p(t - r/c) + \frac{r}{c}\dot{p}(t - r/c) \qquad (21.27)$$

　　儘管看起來相當複雜，但上述結果是容易解釋的。向量 p^* 就是已推遲的偶極矩，然後又對這一推遲「作過修正」，所以當 r 很小時，兩個各帶有 p^* 的項就恰好給出一個靜態偶極場。（見第 6 章的 (6.14) 式。）當 r 很大時，$\ddot{p}$ 項獨占優勢，而電場將正比於電荷的加速度、且垂直於 r，事實上即是指向 $\ddot{p}$ 在垂直於 r 的平面上的投影。

　　這一結果與我們應用 (21.1) 式所該得到的結果相符。當然，(21.1) 式更加普遍，而 (21.26) 式僅適用於推遲時間 r/c 對於整個源都可視爲一常數的那種小運動。無論如何，我們現在已提供了對於以前關於光的整個討論的下層基礎（除了某些在第 I 卷第 34 章中曾討論過的內容以外）。下一步，我們將討論如何獲得快速運動的電荷之場（這將引導至第 I 卷第 34 章中的相對論性效應）。

21-5　運動電荷的電位勢；黎納—維謝通解

　　在上一節中，由於我們只考慮低速情況，在計算 A 積分時作了一個簡化。但這樣做時，我們錯過了一個重要的點，而這一點也正是容易出偏差的地方。因此，我們現在要對一個以任意形式，甚至是以相對論性速度運動的點電荷，來計算其位勢。一旦有了這個結果，我們就有了電荷的完整電磁學。就連 (21.1) 式也可經由取導數而推導出來。故事即將完結，請原諒我們再多談一些。

　　讓我們試著計算正以任意方式運動中的一個**點**電荷，諸如一個電子，在點 (x_1, y_1, z_1) 所產生的純量勢 $\phi(1)$。所謂的「點」電荷，

我們指的是一個十分微小的電荷球，可以縮小到隨心所欲的地步，並帶有電荷密度 $\rho(x, y, z)$。我們可以由(21.15)式求得 ϕ：

$$\phi(1, t) = \frac{1}{4\pi\epsilon_0} \int \frac{\rho(2, t - r_{12}/c)}{r_{12}} \, dV_2 \qquad (21.28)$$

答案似乎應該是——而且幾乎每個人最初總會認為是——遍及這樣一個「點」電荷的 ρ 積分恰好就是其總電荷 q，因而

$$\phi(1, t) = \frac{1}{4\pi\epsilon_0} \frac{q}{r'_{12}} \qquad (錯了)$$

對於 r'_{12}，我們指的是在推遲時刻 $(t - r_{12}/c)$ 從電荷所在之點 (2) 至點 (1) 的徑向量。但此式是錯誤的。

正確的答案是

$$\phi(1, t) = \frac{1}{4\pi\epsilon_0} \frac{q}{r'_{12}} \cdot \frac{1}{1 - v_r/c} \qquad (21.29)$$

式中 v_r 為平行於 r'_{12}——即指向點 (1) ——的電荷速度分量。我們現在將向你解釋原因。為了使論證容易跟上，我們首先計算的是具有小立方體形狀、而以速率 v 朝向點 (1) 運動的一個「點」電荷，如圖 21-5(a) 所示。令立方體每邊的長度為 a，我們假定這比 r_{12}、即從電荷中心至點 (1) 的距離要小得多。

現在就來計算 (21.28) 式的積分，我們將回到基本原理；我們把它寫成求和式

$$\sum_i \frac{\rho_i \Delta V_i}{r_i} \qquad (21.30)$$

式中 r_i 是從點 (1) 至第 i 個體積元素 ΔV_i 的距離，而 ρ_i 是在 $t_i = (t - r_i/c)$ 時刻 ΔV_i 處的電荷密度。由於始終有 $r_i \gg a$，因而假定 ΔV_i 具有一個垂直於 r_{12} 的矩形薄片形式將是方便的，如圖 21-5(b) 所示。

設我們事先假定體積元素 ΔV_i 的厚度 w 遠小於 a。於是各個體

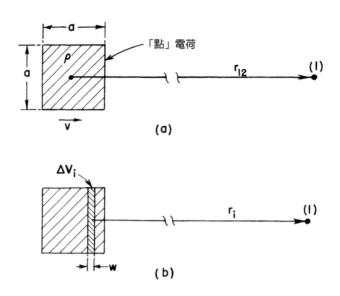

<u>圖 21-5</u>　(a)「點」電荷 ── 視為一個小立方體的電荷分布 ── 以速率 v 朝著點 (1) 運動；(b) 用來計算電位勢的體積元素 ΔV_i。

積元素看起來就像圖 21-6(a) 所示的那樣，其中已放上比足以布滿該電荷還多的體積元素。但我們卻還**沒有**把電荷顯示出來，而這是有充分理由的。我們該把電荷畫在哪裡呢？對於每一體積元素 ΔV_i 來說，ρ 是要在時刻 $t_i = (t - r_i/c)$ 取值的，但由於電荷**正在運動**，**因此對每個體積元素 ΔV_i 來說，電荷的位置都不一樣！**

　　譬如說，我們從圖 21-6(a) 中那個標明為「1」的體積元素開始，該體積元素是這樣選取的，即在 $t_1 = (t - r_1/c)$ 時刻該電荷的「後」端占據著 ΔV_1，如圖 21-6(b) 所示。然後當我們計算 $\rho_2 \, \Delta V_2$ 時，就必須用到稍微**遲**一點的時間 $t_2 = (t - r_2/c)$，這時電荷所處位置如圖 21-6(c) 所示。對於 ΔV_3、ΔV_4 等等，可依此類推。現在我們就能計算那個和了。

　　既然每一 ΔV_i 的厚度為 w，它的體積便是 wa^2。於是與電荷分布重疊的每一個體積元素便含有電荷量 $wa^2\rho$，其中 ρ 為立方體內的電荷密度——我們已假定它是均勻的。當電荷至點 (1) 的距離很

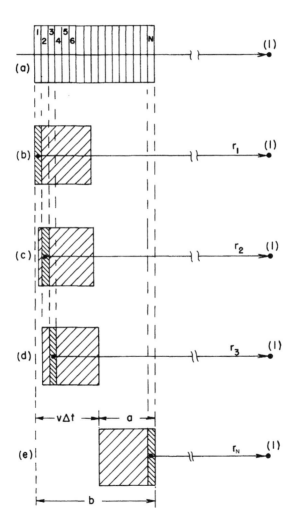

圖21-6　對一運動電荷的 $\rho(t - r'/c)\, dV$ 進行積分

大時，假如令所有分母上的 r_i 都等於某一平均值，比方等於電荷中心的推遲位置 r'，則這樣做所導致的誤差是可忽略的。於是 (21.30) 式的總和便是

$$\sum_{i=1}^{N} \frac{\rho w a^2}{r'}$$

這裡的 ΔV_N 就是如圖 21-6(e) 所示的與電荷分布最後重疊的那一個 ΔV_i。總和顯然是

$$N \frac{\rho w a^2}{r'} = \frac{\rho a^3}{r'} \left(\frac{Nw}{a} \right)$$

原來 ρa^3 恰好就是總電荷 q，而 Nw 則是如圖 (e) 所示的長度 b。因此我們有

$$\phi = \frac{q}{4\pi\epsilon_0 r'} \left(\frac{b}{a} \right) \tag{21.31}$$

b 是什麼呢？它是立方體電荷的邊長**加上**電荷在 $t_1 = (t - r_1/c)$ 和 $t_N = (t - r_N/c)$ 兩時刻間所經過的距離——這就是電荷在如下時間

$$\Delta t = t_N - t_1 = (r_1 - r_N)/c = b/c$$

內所行經的距離。既然電荷的速率是 v，所行經的距離就是 $v\Delta t = vb/c$。但長度 b 是此距離加上 a：

$$b = a + \frac{v}{c} b$$

求 b，我們得到

$$b = \frac{a}{1 - (v/c)}$$

當然，所謂 v，我們指的是在推遲時刻 $t' = (t - r'/c)$ 時的速度，這可以藉由寫成 $[1 - (v/c)]_{推遲}$ 而加以指明，於是位勢的 (21.31) 式就

變成

$$\phi(1, t) = \frac{q}{4\pi\epsilon_0 r'} \frac{1}{[1 - (v/c)]_{\text{推遲}}}$$

此結果與我們上面的聲明，即 (21.29) 式相符。這裡出現一個修正項，是「掃過該電荷」而積分時，電荷正在運動所引起的。當電荷朝著點 (1) 運動時，它對積分的貢獻增加爲 b/a 倍。因此，正確的積分是 q/r' 乘以 b/a，也就是 $1/[1 - (v/c)]_{\text{推遲}}$。

假若電荷的速度並非朝向**觀察點** (1)，那就可看出眞正重要的只是朝向點 (1) 的那一個速度**分量**。把這一速度分量稱爲 v_r，則修正因子便是 $1/[1 - (v_r/c)]_{\text{推遲}}$。並且，對於具有**任何**形狀──不需要是立方體──的電荷分布，我們所作出的分析都將按完全相同的方式進行。最後，既然電荷 q 的「尺寸」a 並未進入到最後的結果中，當我們將電荷縮小至任何尺寸──甚至縮小成一點時，同一結果仍然成立。普遍的結果是：對於以任意速度運動的點電荷，其純量勢爲

$$\phi(t) = \frac{q}{4\pi\epsilon_0 r'[1 - (v_r/c)]_{\text{推遲}}} \tag{21.32}$$

上述方程式也往往寫成等效的形式：

$$\phi(1, t) = \frac{q}{4\pi\epsilon_0 [r - (v \cdot r/c)]_{\text{推遲}}} \tag{21.33}$$

式中 r 是從電荷指向有待算出 ϕ 的那個點 (1) 的向量，而所有在中括號內的量都要在推遲時刻 $t' = (t - r'/c)$ 取其值。

當我們由 (21.16) 式計算點電荷的向量位勢 A 時，也將發生同樣的事情。電流密度爲 ρv，而對於 ρ 的積分正如同以上對於 ϕ 所求得的那樣。此向量位勢爲

$$A(1, t) = \frac{qv}{4\pi\epsilon_0 c^2 [r - (v \cdot r/c)]_{推遲}} \tag{21.34}$$

上述形式的點電荷位勢是由黎納（Alfred-Marie Liénard，*法國物理學家*）和維謝（Emil Wiechert，*德國物理學家*）首先導出的，因而稱為黎納－維謝電勢（Liénard-Wiechert potential）。

要把這一環節接回到 (21.1) 式上去，只須從這些位勢算出 E 和 B（利用 $B = \nabla \times A$ 和 $E = -\nabla\phi - \partial A/\partial t$）。現在只是個算術問題。然而，這算術相當繁複，所以我們將不列出細節。也許你會相信我的話：(21.1)式就相當於上面導出的黎納－維謝電勢。*

21-6 等速運動電荷的位勢；勞侖茲公式

下一步，我們希望將黎納－維謝電勢用於一種特殊的情況——即找出電荷在一直線上等速運動時所產生的場。我們以後還會再用相對論原理來找出它。我們已經知道當我們站在電荷的靜止座標時，位勢是怎樣的。當電荷運動時，我們可經由從一座標系到另一座標系的相對論性變換，將每一件事都算出來。但相對論是發端於電和磁的理論的。勞侖茲變換的公式（第 I 卷第 15 章）是勞侖茲（Hendrik Antoon Lorentz，*荷蘭理論物理學家*）在研究電和磁的方程式時的發現。

---

*原注：假如你擁有大量紙張和時間，就可以自己試著計算出來。那麼，我們要提出兩個建議：首先，不要忘記，r' 的導數都很複雜，因為 r' 是 t' 的函數。其次，不要試圖**導出** (21.1)式，而是要算出其中各種導數，然後與你從 (21.33) 和 (21.34)式的位勢所獲得的 E 比較。

　　為了使你能理解事情的來由，我們願意來證明馬克士威方程組確實會導致勞侖茲變換。我們從直接由馬克士威方程組的電動力學來計算一個等速運動電荷的位勢開始。我們已經證明，馬克士威方程組會導致我們在上一節中得到的一個運動電荷的位勢。因此當我們引用這些位勢時，也就是在運用馬克士威理論。

　　設有一個沿 x 軸、以速率 v 運動的電荷。我們想求出如圖 21-7 所示的在 $P(x, y, z)$ 點上的位勢。若 $t = 0$ 就是電荷在原點的時刻，則在 t 時刻，電荷已經到達 $x = vt$、$y = z = 0$ 這一點上。然而，我們必須知道的是在推遲時刻

$$t' = t - \frac{r'}{c} \qquad (21.35)$$

上電荷的位置，式中 r' 為**在推遲時刻**從電荷位置至 P 點的距離。在較早時刻 t' 上，電荷位於 $x = vt'$ 處，因而

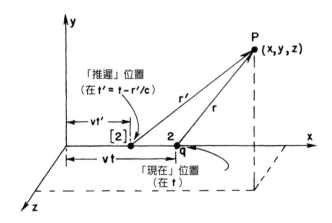

圖 21-7　求出一個沿 x 軸等速運動的電荷在 P 點的位勢

$$r' = \sqrt{(x - vt')^2 + y^2 + z^2} \qquad (21.36)$$

為求得 r' 或 t'，我們要將上式與 (21.35) 式結合起來。首先，經由 (21.35) 式解出 r'，並代入 (21.36) 式，而把 r' 消掉。然後，對兩邊平方，我們便得到

$$c^2(t - t')^2 = (x - vt')^2 + y^2 + z^2$$

這是 t' 的二次方程式。將平方項都展開，並按照 t' 蒐集其相似項，可得到

$$(v^2 - c^2)t'^2 - 2(xv - c^2t)t' + x^2 + y^2 + z^2 - (ct)^2 = 0$$

由此解出 t'，

$$\left(1 - \frac{v^2}{c^2}\right) t' = t - \frac{vx}{c^2} - \frac{1}{c}\sqrt{(x - vt)^2 + \left(1 - \frac{v^2}{c^2}\right)(y^2 + z^2)} \qquad (21.37)$$

為求得 r'，就得將這個 t' 的式子代入下式中：

$$r' = c(t - t')$$

現在我們已準備好由 (21.33) 式來求得 ϕ，既然 v 是恆量，上式便成為

$$\phi(x, y, z, t) = \frac{q}{4\pi\epsilon_0} \frac{1}{r' - (v \cdot r'/c)} \qquad (21.38)$$

v 在 r' 方向上的分量為 $v(x - vt')/r'$，因而 $v \cdot r'$ 正好是 $v \times (x - vt')$，而整個分母則為

$$c(t - t') - \frac{v}{c}(x - vt') = c\left[t - \frac{vx}{c^2} - \left(1 - \frac{v^2}{c^2}\right)t'\right]$$

代入來自(21.37)式中的$(1 - v^2/c^2)t'$，我們對於ϕ便得到

$$\phi(x, y, z, t) = \frac{q}{4\pi\epsilon_0} \frac{1}{\sqrt{(x - vt)^2 + \left(1 - \dfrac{v^2}{c^2}\right)(y^2 + z^2)}}$$

假如我們將上式重新寫成如下，則更易於理解：

$$\phi(x, y, z, t) = \frac{q}{4\pi\epsilon_0} \frac{1}{\sqrt{1 - \dfrac{v^2}{c^2}}} \frac{1}{\left[\left(\dfrac{x - vt}{\sqrt{1 - v^2/c^2}}\right)^2 + y^2 + z^2\right]^{1/2}}$$

$$(21.39)$$

向量位勢A是有一個附加因數v/c^2的同一式子：

$$A = \frac{v}{c^2}\phi$$

從(21.39)式中，我們可清楚看到勞侖茲變換的開端。若電荷位於它本身的靜止座標上，則它的位勢應該是

$$\phi(x, y, z) = \frac{q}{4\pi\epsilon_0} \frac{1}{[x^2 + y^2 + z^2]^{1/2}}$$

但我們是在一個運動中的座標系來觀察電荷，因而這顯示出座標應該經由下列式子變換：

$$x \to \frac{x - vt}{\sqrt{1 - v^2/c^2}}$$
$$y \to y$$
$$z \to z$$

這正好就是勞侖茲變換式，而我們以上所做的，基本上是依循勞侖茲發現它時所用過的方法。

不過，出現在(21.39)式前面的那個附加因子$1/\sqrt{1 - v^2/c^2}$，又

是怎麼回事呢？另外，在粒子的靜止座標中，向量位勢 A 處處為零，則在運動座標中它如何出現呢？我們不久將要證明 A 和 ϕ **一起**構成四維向量，就如粒子的動量 p 和總能量 U 那樣。(21.39) 式中的那個附加因子 $1/\sqrt{1-v^2/c^2}$，就是當人們在變換一個四維向量的分量時總會出現的那同一因子 —— 就像電荷密度 ρ 會變換成 $\rho/\sqrt{1-v^2/c^2}$ 那樣。事實上，從 (21.4) 和 (21.5) 式就可明顯看出，A 和 ϕ 是四維向量的分量，因為我們已經在第 13 章中證明過，j 和 ρ 就是四維向量的分量。

　　以後我們還要更詳盡考慮電動力學的相對論；這裡只希望表明，馬克士威方程組自然會導致勞侖茲變換。這樣，當你發現電和磁的定律已經符合愛因斯坦的相對論時，將不會感到驚訝。我們無需像對牛頓力學所必須做的那樣去「修正它們」。

第22章

交流電路

22-1 阻 抗

在本課程中，我們大部分工作的目的在於得到完整的馬克士威方程組。在前兩章中，我們討論了這些方程式的重要結果。我們發現這些方程式含有以前所得出的一切靜態現象，以及在第 I 卷中就已相當詳盡談論的電磁波和光的現象。馬克士威方程組給出上述兩方面的現象，這些現象取決於人們所計算的場，是靠近還是遠離電流與電荷。對於中間的區域則沒有太多有趣的東西可說；那裡並未出現什麼特殊現象。

然而，在電磁學中還有幾個課題有待我們處理。我們將要討論相對論和馬克士威方程組的問題——即當人們由運動座標系來看馬克士威方程組時所發生的情況。還有關於電磁系統中的能量守恆問題，然後是關於材料的電磁性質這個廣泛課題；迄今為止，除了介電質特性的研究外，我們只討論過自由空間中的電磁場。而且，儘管在第 I 卷中我們已相當詳盡的談及光學課題，但還有幾件事情，我們想從場方程的觀點來重新討論。

我們特別想再考慮折射率這個課題，尤其是對於稠密材料。最後，還有局限於有限空間裡與波相聯繫的現象。我們過去在研究聲波時曾稍微觸及這類問題。馬克士威方程組也導出表示電場和磁場約束波的那些解。我們將在以後某些章節中考慮這具有重要技術應用的課題。為了引導至該課題上，我們將從考慮低頻時的電路特性

請複習：第 I 卷第 22 章〈代數〉、第 I 卷第 23 章〈共振〉、第 I 卷第 22 章〈電磁輻射〉、第 I 卷第 25 章〈線性系統及複習〉。

著手。然後我們就可對下述狀況進行比較：一類是適用馬克士威方程組準靜態近似的情況，而另一類是高頻效應占優勢的情況。

　　因此，我們將從前幾章那巍峨且險峻的高峰，降回到相對低層次的電路課題上。然而，我們將看到，只要有夠詳盡的考察，即使是這麼世俗的課題，也能包含極大的複雜性。

　　我們已在第 I 卷第 23 和 25 兩章中討論過電路的某些性質。現在我們將重複其中某些內容，但要詳盡得多。我們將再次只與線性系統以及全都按正弦形式變化的電壓與電流打交道：應用第 I 卷第 22 章中所描述的那些指數函數記號，我們就可用複數代表所有的電壓與電流。於是，隨時間變化的電壓將寫成

$$V(t) = \hat{V} e^{i\omega t} \tag{22.1}$$

式中 $\hat{V}$ 代表與時間 t 無關的複數。當然，實際上隨時間變化的電壓 $V(t)$ 是由上式等號右邊的複數函數的**實部**給出的。

　　同樣的，所有其他隨時間變化的量，也都將視為以相同頻率按正弦形式變化。因此我們寫出

$$
\begin{aligned}
I &= \hat{I}\ e^{i\omega t} \quad \text{（電流）} \\
\mathcal{E} &= \hat{\mathcal{E}}\ e^{i\omega t} \quad \text{（電動勢）} \\
\boldsymbol{E} &= \hat{\boldsymbol{E}}\ e^{i\omega t} \quad \text{（電場）}
\end{aligned}
\tag{22.2}
$$

等等。

　　在大部分時間中，我們將用 V、I、E……（而不是用 $\hat{V}$、$\hat{I}$、$\hat{E}$……）寫出方程式，但得記住，時間變化是由 (22.2) 式給出的。

　　在以往關於電路的討論中，我們曾假定電感、電容與電阻等是你們所熟悉的。我們現在要稍微詳盡的來看，這些所謂的理想電路元件指的是什麼。我們將從電感開始。

　　電感是這樣製成的：把許多匝的導線繞成線圈形式，並從兩端接至距線圈一段距離處的接頭上去，如圖 22-1 所示。我們要假定，線圈電流產生的磁場並未強烈向外擴展到全部空間，也未與電路的其他部分發生交互作用。通常可以這樣安排：把線圈繞成甜甜圈狀，或把線圈繞在一塊適當的鐵芯上以約束磁場，或把線圈放入適當的金屬盒內，如圖 22-1 顯示的那樣。在任何情況下，我們都假定，在端點和附近的外部區域裡僅有微不足道的磁場。我們還將假定，可以忽略線圈導線內的任何電阻。最後我們假定，那些出現在導線表面上，用以建立電場的電荷量是可以忽略的。

　　在所有這些近似之下，我們就有一個所謂的「理想」電感。（稍後我們將回頭討論實際電感中發生的事情。）對於理想電感，我們說它的端點間電壓等於 $L(dI/dt)$。讓我們來看看為何會如此。當有電流通過電感時，線圈內部便建立起正比於這個電流的磁場。

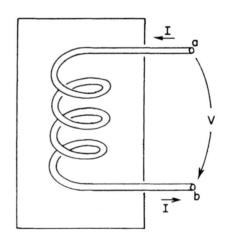

圖 22-1　電感

假若電流隨時間變化，磁場也會變化。一般說來，E 的旋度等於 $-dB/dt$；或換句話說，E 環繞任何閉合路徑的線積分，等於穿過該迴路之 B 通量的變化率的負值。現在假設我們考慮下述路徑：由端點 a 開始沿線圈（總是保持在導線內）抵達端點 b；然後經過電感外部空間的空氣，從端點 b，回到端點 a。E 環繞這閉合路徑的線積分，可以寫成兩部分之和：

$$\oint E \cdot ds = \underbrace{\int_a^b E \cdot ds}_{\text{經由線圈}} + \underbrace{\int_b^a E \cdot ds}_{\text{線圈外面}} \tag{22.3}$$

正如我們從前已瞭解的，在理想導體內部不可能有電場。（最微小的電場都可能產生無限大的電流。）因此從 a 至 b 經由線圈的積分等於零。E 的線積分就全部來自電感外部、由端點 b 到端點 a 的路徑。既然我們已經假定，在該「盒子」外面的空間裡不存在磁場，則這部分的積分就與所選取的路徑無關，因此我們可以定義兩端的電位。這兩端電位的差就是所謂的電壓差，或簡稱為電壓 V，所以我們有

$$V = -\int_b^a E \cdot ds = -\oint E \cdot ds$$

這整個線積分，我們以前稱為電動勢 ε，當然也就等於線圈內磁通量的變化率。我們已知曉，電動勢正比於電流的負變化率，因此我們有

$$V = -\varepsilon = L \frac{dI}{dt}$$

式中 L 是線圈的電感。由於 $dI/dt = i\omega I$，所以我們有

$$V = i\omega LI \tag{22.4}$$

　　我們用來描述理想電感的方法，說明了解決其他理想電路元件的一般方法，這些其他元件通常稱作「集總元件」（lumped element）。這些元件的性質完全由出現在兩端點的電流與電壓來描述。藉由作適當近似，就有可能忽略出現在物體內部的場的複雜性。這就在內部與外部發生的事情之間，劃清了界線。

　　對於一切電路元件，我們都會找到一個像(22.4)式那樣的關係式，其中電壓正比於電流，而其比例常數一般說來是複數。這個複值比例係數稱為**阻抗**（impedance），且通常寫為 z（不要與 z 座標混淆）。它一般是頻率 ω 的函數。因而對任何集總元件來說，我們可寫出

$$\frac{V}{I} = \frac{\hat{V}}{\hat{I}} = z \tag{22.5}$$

對於電感則有

$$z\,(\text{電感}) = z_L = i\omega L \tag{22.6}$$

　　現在讓我們從同樣的觀點來看看電容器。* 一個電容器包括兩塊金屬板，並各自引出導線至適當的端點。這兩片板子可以具任何

*原注：有些人說，我們應該用「電感器」（inductor）和「電容器」（capacitor）這種名稱來稱呼那些**東西**，而用「電感」（inductance）和「電容」（capacitance）稱呼它們的**性質**〔與「電阻器」（resistor）和「電阻」（resistance）相類似〕。但我們寧可採用你將會在實驗室裡聽到的那些名稱。大多數人對於實體線圈及其電感都仍稱為「電感」（inductance）。至於「電容器」（capacitor）一詞似乎已很吃香，儘管仍經常聽到另一種名稱 condenser；而大多數人仍偏好說 capacity 而非 capacitance。

形狀，且通常由某種介電材料隔開。我們大略將這種情況畫在圖
22-2上。我們再次做幾個簡化假定。首先，假定板和導線都是理想
導體。其次，假定兩板間的絕緣非常良好，以致不會有電荷通過該
絕緣物質，從一板流至另一板。再其次，假定這兩塊導體彼此靠近
但遠離其他一切導體，以致於所有離開其中一板的場線，都終結在
另一板上。這樣，在兩板上的電荷就將永遠等量且正負號相反，而
在板上的電荷比起那些在接線表面上的要多得多。最後，我們假定
在該電容器附近沒有磁場。

　　現在假定我們考慮 E 環繞一閉合迴路的積分，此迴路從端點 a
開始，沿導線內部達到該電容器的上板，然後越過兩板之間的空
間，又從下板通過導線而到達端點 b，並在電容器外面的空間返回
端點 a。由於沒有磁場，所以 E 環繞此一閉合迴路的線積分為零。
這個積分可以分成三個部分

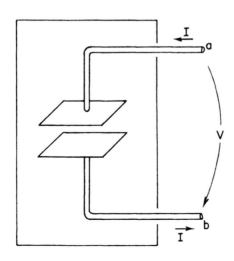

圖 22-2　電容器

$$\oint E \cdot ds = \int_{\text{沿著導線}} E \cdot ds + \int_{\text{在兩板間}} E \cdot ds + \int_b^a E \cdot ds \tag{22.7}$$

沿導線的積分為零，因為理想導體內不存在電場。在電容器外從 b 至 a 的積分等於兩端點間電位差的負值。由於我們設想，這兩塊板總是孤立於世界其他部分以外，所以兩塊板上的總電荷必須為零；假若上板有電荷 Q，則下板會有等量且正負號相反的電荷 $-Q$。以前我們已知，若兩導體擁有相等而正負號相反的電荷，即正 Q 和負 Q，則兩板間的電位差等於 Q/C，其中 C 稱為這兩個導體的電容。根據 (22.7) 式，a 和 b 兩端點間的電位差，等於兩板間的電位差，因而我們有

$$V = \frac{Q}{C}$$

從端點 a 進入（並從端點 b 離開）電容器的電流 I 等於 dQ/dt，即板上電荷的變化率。將 dV/dt 寫成 $i\omega V$，我們便可按照下述方式寫出電容器的電壓與電流的關係

$$i\omega V = \frac{I}{C}$$

亦即

$$V = \frac{I}{i\omega C} \tag{22.8}$$

這樣，電容器的阻抗 z 為

$$z\,(\text{電容器}) = z_C = \frac{1}{i\omega C} \tag{22.9}$$

我們要考慮的第三種元件是電阻器。然而，由於我們還未討論過實際材料的電學性質，所以我們不準備談論真實導體內部發生的

事情，因此只好接受這樣的事實，即：在眞實材料內部會有電場存在，而這些電場能引起電荷流動（也就是說，產生電流），並且這個電流與電場從導體一端至另一端的積分成正比。然後，我們設想一個按照圖 22-3 建立起來的理想電阻。兩條被認爲是由理想導體構成的導線，分別從 *a* 點與 *b* 點連接至一根電阻性材料棒的兩端。依循我們常用的論證方法，和兩端點間的電位差等於外電場的線積分，而這也等於通過電阻性材料棒的電場的線積分。從而得出，通過該電阻的電流 *I* 與端電壓 *V* 成正比：

$$I = \frac{V}{R}$$

式中 *R* 稱爲電阻。以後我們將看到，對於實際導電材料，電流與電壓間的關係只近似爲線性的。我們也將看到，這一近似的正比關係只有當頻率不太高時，才被預期與電流和電壓的變化頻率無關。於是，對交變電流來說，跨越電阻的電壓與電流同相位，這意味阻抗

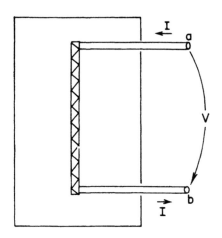

圖 22-3　電阻器

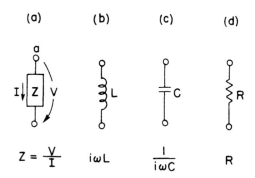

(a)　　　(b)　　　(c)　　　(d)

$$Z = \dfrac{V}{I} \qquad i\omega L \qquad \dfrac{1}{i\omega C} \qquad R$$

圖 22-4　理想的（被動）集總電路元件

是實數：

$$z\,(電阻) = z_R = R \qquad\qquad (22.10)$$

　　電感器、電容器和電阻器，這三種集總電路元件所得到的結果，我們將概括在圖 22-4 中。在此圖中，以及在之前那些圖中，我們都用一個從一端指向另一端的箭頭來表明電壓。若電壓是「正的」──亦即，端點 a 所處的電位比端點 b 還高，那麼該箭頭便指向一個正「電壓降」（voltage drop）的方向。

　　儘管我們現在談的是交流電，我們當然可以經由取頻率 ω 趨於零的極限，而把載有穩定電流的電路這種特殊情況包含進來。對於零頻率（亦即對直流電）來說，電感的阻抗趨於零；它變成短路了。對於直流電，電容器的阻抗趨於無限大；它變成斷路了。由於電阻的阻抗與頻率無關，所以當我們分析直流電路時，它是唯一需要考慮的元件。

　　在我們迄今描述過的電路元件中，電流與電壓都是互成正比的。倘若其中一個等於零，另一個也同時為零。我們往往會這樣

想：一個外加電壓是造成電流的「原因」，或者電流會「引起」兩端點間的電壓；因此，在某種意義上，元件是會對「所施的」外部條件「發生回應」的。由於這一原因，這些元件稱為**被動元件**（passive element）。與它們形成對照的，是即將在下一節討論的主動元件（active element），諸如發電機這類電路中的交變電流或電壓之**源**的元件。

22-2 發電機

我們現在要來談**主動**電路元件，有一種是電路中電流與電壓的來源——即**發電機**。

假定我們有一個像電感那樣的線圈，只是它的匝數很少，以致可忽略它本身電流產生的磁場。可是，這線圈置於變化磁場中，這變化磁場或許是由旋轉磁鐵等產生的，如圖 22-5 所示。（我們以前

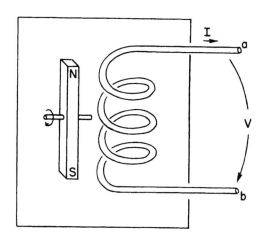

圖 22-5　含有一個固定線圈和一個旋轉磁場的發電機

就知曉,這樣的磁場也可由通有交變電流的適當線圈產生。)我們必須再次做幾項簡化假定。這些假定全都與上面對電感情況描述的相同。特別是,我們將假定,該變化磁場局限在線圈附近的確定區域裡,而不會出現在發電機外兩端點間的空間裡。

仔細依循我們曾對電感所做的分析,考慮環繞如下一個閉合迴路對 E 場進行線積分,此迴路從端點 a 開始,經過線圈到達端點 b,並在兩端點間的空間裡返回到起點。我們再次得出結論,兩端點間的電位差等於 E 環繞該迴路的總線積分:

$$V = -\oint E \cdot ds$$

此線積分等於該電路中的電動勢,因此跨越發電機兩端點的電位差 V,也就等於該線圈的磁通連結的變化率:

$$V = -\varepsilon = \frac{d}{dt}\,(\text{磁通量}) \tag{22.11}$$

對於一部理想發電機來說,我們假定該線圈的磁通連結是由一些外加條件,諸如旋轉磁場的角速度所確定的,無論如何都不受流經發電機的電流影響。因而發電機,至少是指我們現在考慮的**理想**發電機,並不是阻抗。跨越它兩個端點的電位差由任意給定的電動勢 $\varepsilon(t)$ 所確定。這種理想發電機由圖 22-6 所示的符號表示;小箭頭代表電動勢取正值時的方向。圖 22-6 中發電機的正電動勢將產生一個 $V = \varepsilon$ 的電壓,其中 a 端的電位比 b 端高。

還有一種製造發電機的方法,這種發電機雖然內部與剛才所描述的很不相同,但在兩端點以外發生的事態,則無法加以區別。假設有一金屬線圈在一**固定的**磁場中旋轉,如圖 22-7 所示。我們畫出條形磁鐵表明有磁場存在;當然,它也可以由任何其他恆定磁場源,如載有恆定電流的附加線圈代替。如圖中所示,利用滑動接觸

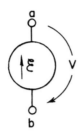

圖 22-6　理想發電機的符號

或「匯電環」(slip ring)，就可建立旋轉線圈與外界的連接。再次，我們對出現在 a 與 b 兩端點間的電位差感興趣，它當然就是沿發電機外的一條路徑，從端點 a 至端點 b 的電場積分。

既然在圖 22-7 的系統中不存在變化的磁場，因此我們起初也許會懷疑，怎麼會有電壓出現在發電機的兩端。事實上，發電機內部

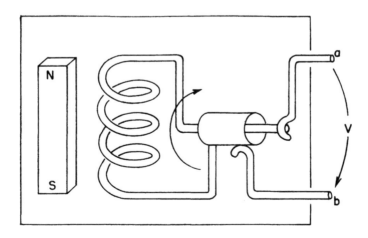

圖 22-7　這個發電機有旋轉於固定磁場中的線圈。

的任何一處都沒有電場。我們照常假定，做爲理想元件，其內部的導線是由理想的導電材料製成的，而正如我們多次說過的，在理想導體內部場等於零。但這是不正確的。當導體在磁場中運動時，它就不正確了。正確的說法是：在理想導體內部，作用於任一電荷上的合力必須爲零；否則自由電荷就會無拘束的流動起來。所以永遠正確的是，電場 E 加上導體速度與磁場 B 的外積——也就是作用在單位電荷上的合力，在導體內部必須爲零：

$$F/單位電荷 = E + v \times B = 0 \text{（在理想導體中）} \qquad (22.12)$$

式中 v 代表導體的速度。只要導體的速度 v 爲零，我們以前關於理想導體內部沒有電場的說法，就完全正確；不然的話，正確的說法應由 (22.12) 式所給出。

回到圖 22-7 的發電機。我們現在看到，通過發電機的導電路徑從端點 a 至端點 b，電場 E 的線積分必定等於相同路徑上 $v \times B$ 的線積分，即

$$\int_a^b E \cdot ds = -\int_a^b (v \times B) \cdot ds \qquad (22.13)$$
$$\text{在導體內} \qquad\qquad \text{在導體內}$$

可是下述仍然是正確的：環繞一個完整迴路 E 的線積分必定爲零，這完整迴路包括發電機外從 b 至 a 的歸途在內的那條，因爲這裡並不存在變化的磁場。因此 (22.13) 式中的第一個積分，也就等於 V，即兩端點間的電壓。事實證明，(22.13) 式右邊的積分，恰好就是穿過該線圈的磁通連結的變化率，根據通量法則，因而等於線圈中的電動勢。因此我們再度得到：跨越兩端點的電位差，等於該電路中的電動勢，它與 (22.11) 式相符。所以，無論發電機是內部磁場在固定線圈附近變化，還是內部線圈在固定磁場中運動，它們的外部性

質都相同。也就是,有電位差 V 跨越兩端點之間,與電路中的電流無關,而僅取決於該發電機內部一些任意給定的條件。

　　只要我們試圖從馬克士威方程組的觀點來理解發電機的運作,我們或許也會問及像手電筒電池那樣的普通化學電池。化學電池也是一種發電機,即一個電壓源,儘管它當然只出現在直流電路中。原理最簡單的一種電池如圖 22-8 所示。我們設想有兩塊浸沒在某種化學溶液中的金屬板。我們假定該溶液含有正離子和負離子。我們也假定其中一種離子,比方說負離子,比帶有異號電荷的離子要重得多,以致它依靠擴散過程而通過溶液的運動慢得多。其次,我們還假定:用種種方法安排,使溶液的濃度在液體中有所變化,以致於正、負離子,比方說,在下板附近的數目要遠大於上板附近的離子濃度。由於正離子的遷移率較大,它們將更快漂移到濃度較低的區域裡,因而有稍微超額的正離子到達上板。於是上板就帶有正電,下板則有淨負電荷。

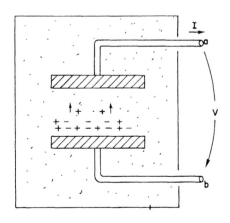

圖 22-8　化學電池

　　當有愈來愈多的電荷擴散至上板時，這一塊板的電位就將升高，直至兩板間引起的電場，對離子的施力恰好抵償其超額遷移率，因此電池中的兩極板會迅速達到一個電位差，這電位差恰反應了其內部結構性能。

　　正如前面對於理想電容器論證的那樣，我們看到，當不再有任何離子擴散時，a 和 b 兩端點間的電位差，恰好等於兩極板間電場的線積分。當然，電容器與這樣一個化學電池，是有本質差別的。倘若我們將電容器兩端短路一會兒，電容器將會放電，並不再有任何電位差跨越兩端點。而化學電池的情況卻是，電流可以持續從端點引出，不致在電動勢上有任何改變——當然這會一直持續到電池內的化學藥品耗盡時為止。在實際的電池中，我們會發現跨越端點的電位差隨著從電池引出的電流增大而降低。然而，為了維持先前一貫的抽象概念，我們可以設想一個理想電池，在其中，跨越端點間的電壓與電流無關。這樣，實際的電池便可視為是串聯著電阻的理想電池。

22-3 理想元件網路；克希何夫法則

　　就像我們在上一節中見到的，利用元件外面發生的事情來描述理想電路元件是十分簡單的。電流與電壓有線性關係。但元件內部真正發生的情況，卻相當複雜，要憑藉馬克士威方程組給出精確的描述，十分困難。想想試著對收音機裡面的電場與磁場提供精確描述吧，收音機裡可是含有數以百計的電阻、電容和電感。沒有辦法運用馬克士威方程組來分析這樣的事情。不過，藉由我們在第 22-2 節描述過的多種近似辦法，並且以理想化的方式來扼要說明實際元件的基本特點，就可能以相當直截了當的方法來分析電路了。我們

現在就來說明這是怎樣進行的。

設有一電路，它含有一部發電機和幾個互相連接的阻抗，如圖 22-9 所示。

按照我們的近似條件，在各個電路元件的外部區域並沒有磁場。因此環繞任一未曾通過任何元件的曲線 E 的線積分為零。然後考慮由虛線所構成的曲線 Γ，它完全圍繞著圖 22-9 中的電路。環繞曲線 E 的線積分由幾部分構成，每一部分就是從一個電路元件的一端至另一端的線積分。我們稱此線積分為跨越該電路元件的電壓降。於是整個線積分就恰好是跨越電路中所有元件的電壓降之和

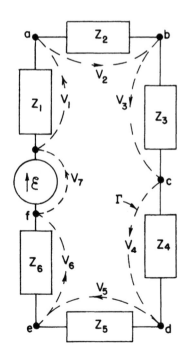

圖 22-9　環繞任一閉合路徑的電壓降之和為零

$$\oint \boldsymbol{E} \cdot d\boldsymbol{s} = \sum V_n$$

由於此線積分為零,所以我們得到:環繞整個電路迴路的電位差之和等於零,即

$$\sum_{\substack{\text{環繞}\\\text{任一迴路}}} V_n = 0 \qquad (22.14)$$

這一結果得自馬克士威方程組的一個方程式——即在沒有磁場的區域裡,環繞任一閉合迴路 $\boldsymbol{E}$ 的線積分為零。

　　假設現在考慮一個如圖 22-10 所示的電路。連接 a、b、c 和 d 各端點的水平線,意在表明這些端點都互相連接著,或者它們都是由電阻可忽略的導線連接著。無論如何,這種畫法意味著:a、b、c 和 d 諸端點全都處於相同的電位;同樣的,e、f、g 及 h 諸端點也都處於相同的電位。於是跨越四個元件中每一個的電壓降 V 都相同。

　　現在我們的理想化條件之一已經成為,在各阻抗的端點上積聚

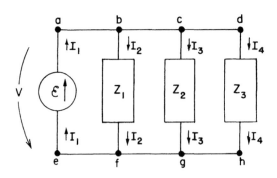

圖 22-10　流入任一節點的電流和為零

的電荷都可以忽略。現在我們再進一步假定,連接各端點的導線,其上的電荷也都可以忽略。於是電荷守恆律要求,任何離開某個電路元件的電荷,都應立即進入另一個電路元件。或者,也可以說,我們要求流入任何分支點的電流,代數和為零。當然,所謂分支點我們指的是諸如 a、b、c、d 等互相連接著的任何一組端點。像這樣互相連接的任一組端點,往往稱為「節點」(node)。於是對於圖 22-10 中的電路,電荷守恆便要求

$$I_1 - I_2 - I_3 - I_4 = 0 \qquad (22.15)$$

進入由 e、f、g 和 h 四端點構成的節點,電流和也是零:

$$-I_1 + I_2 + I_3 + I_4 = 0 \qquad (22.16)$$

當然,這和 (22.15) 式是一樣的。這兩個方程式並不互為獨立。普遍的法則是,**流進任一節點的電流和必須為零**:

$$\sum_{\substack{\text{流進}\\\text{一節點}}} I_n = 0 \qquad (22.17)$$

我們稍早關於環繞閉合迴路,電壓降之和為零的結論,必須應用於一個複雜電路中的任一迴路。並且,有關流進一個節點的電流,其和為零的結果,對於任何節點都必然是正確的。這兩個方程式稱為**克希何夫法則**(Kirchhoff's rule)。有了這兩個法則,就能夠在任何網路中解出其中的電流與電壓。

現在假定我們考慮圖 22-11 中那個更複雜的電路。我們要如何找出這個電路中的電流與電壓呢?

我們可以按照下述直截了當的方法求出它們。我們分別考慮出現在該電路中的四個附屬閉合迴路(例如,其中一個迴路從端點 a

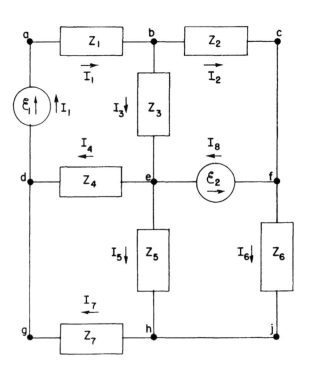

圖 22-11　以克希何夫法則來分析電路

至端點 b，又至端點 e 和 d，最後返回端點 a）。對於每一迴路，我們寫出克希何夫法則的第一個方程式 —— 環繞每一迴路的電壓，其和爲零。我們必須記住：若**順著**電流的方向行進，電壓降就視爲正，但若在經過某一元件時與電流的方向**相反**，則電壓降應視爲負；並且還必須記住，跨越一部發電機的電壓降是該方向電動勢的**負值**。這樣，若我們考慮那個從端點出發又結束於其上的小迴路，就會得出如下方程式

$$z_1 I_1 + z_3 I_3 + z_4 I_4 - \varepsilon_1 = 0$$

應用相同法則於其他的迴路，我們便會得到另外三個同類型的方程
式。

其次，對於該電路中的每一個節點，還必須寫出電流方程式。
例如，對那些流入節點 b 的電流求和時將給出

$$I_1 - I_3 - I_2 = 0$$

同理，對那個標明為 e 的節點，我們有電流方程式

$$I_3 - I_4 + I_8 - I_5 = 0$$

圖上所示出的電路，總共有五個這樣的電流方程式。然而，結果表
明，這些方程式中的任一個，都可從其他四者推導出來；因此就只
有四個獨立的電流方程式。這樣，我們總共有八個獨立的線性方程
式：四個電壓方程式和四個電流方程式。有了這八個方程式，我們
就可以解出八個未知電流。一旦求出這些電流，該電路便算是已經
解決了。跨越任一元件的電壓降，由流經該元件的電流乘以其阻抗
而給出（或者，在有電壓源的情況下，電壓降是已知的）。

我們已見到，當寫出電流方程式時，會得到一個並非獨立於其
他各方程式的方程式。一般也可能寫下太多個電壓方程式。例如，
在圖22-11 的電路中，雖然我們只考慮那四個小迴路，但還有數目
眾多的其他迴路，我們也可以寫出它們的電壓方程式。例如，有一
個沿路徑 *abcfeda* 的迴路；還有一個迴路是沿 *abcfehgda* 路徑。你能
夠看出有許多迴路存在。在分析複雜的電路時，很容易得到太多的
方程式。有一些法則會告訴你要如何處理，以便僅寫下最低限度數
目的方程式，但往往只要略作思考便能看出，該怎樣得到適當數目
的最簡單形式方程式。此外，寫出一、兩個超額方程式也沒什麼妨
礙。它們不會導致任何錯誤的答案，只是或許要做一些不必要的代

數運算罷了。

在第 I 卷第 25 章中我們曾證明，若兩阻抗**串聯**，則它們等價於由下式給出的單一阻抗 z_s：

$$z_s = z_1 + z_2 \qquad (22.18)$$

我們也曾證明過，若兩阻抗**並聯**，則它們等價於由下式給出的單一阻抗 z_p：

$$z_p = \frac{1}{(1/z_1) + (1/z_2)} = \frac{z_1 z_2}{z_1 + z_2} \qquad (22.19)$$

假使你回顧一下便會看到，在導出這些結果時，我們實際上已應用了克希何夫法則。我們往往可以經由反覆運用關於阻抗串聯和並聯的公式，來分析複雜電路。例如，圖 22-12 中的電路就可以這樣分

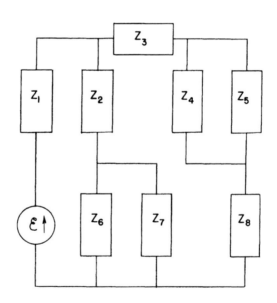

圖 22-12　可以用串聯和並聯組合來分析的電路

析。首先，z_4 和 z_5 兩阻抗可以由其並聯等效阻抗來代替，而 z_6 和 z_7 兩阻抗也一樣。然後，阻抗 z_2 可以同 z_6 和 z_7 的並聯等效阻抗，按串聯法則結合。依此方式進行下去，整個電路就可以簡化成一部發電機同單一阻抗 Z 的串聯。於是流經該發電機的電流，就不過是 ε/Z。然後反過來計算，就能求出通過每一阻抗的電流了。

　　可是，也有一些相當簡單的電路並不能用這種方法來分析，圖 22-13 所示的電路就是一個例子。

　　要分析這個電路，我們一定要按照克希何夫法則寫出電流與電壓的方程式。讓我們來做吧。這裡只有一個電流方程式：

$$I_1 + I_2 + I_3 = 0$$

因此我們立即知道

$$I_3 = -(I_1 + I_2)$$

倘若我們馬上利用這結果寫出電壓方程式，便能節省一些代數運

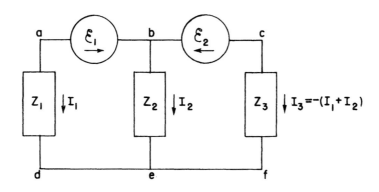

圖 22-13　不能用串聯和並聯組合來分析的電路

算。對於這個電路，存在兩個獨立的電壓方程式；它們是

$$-\mathcal{E}_1 + I_2 z_2 - I_1 z_1 = 0$$

和

$$\mathcal{E}_2 - (I_1 + I_2)z_3 - I_2 z_2 = 0$$

這裡有兩個方程式和兩個未知的電流。從這兩個方程式解出 I_1 和 I_2，我們得到

$$I_1 = \frac{z_2 \mathcal{E}_2 - (z_2 + z_3)\mathcal{E}_1}{z_1(z_2 + z_3) + z_2 z_3} \tag{22.20}$$

和

$$I_2 = \frac{z_1 \mathcal{E}_2 + z_3 \mathcal{E}_1}{z_1(z_2 + z_3) + z_2 z_3} \tag{22.21}$$

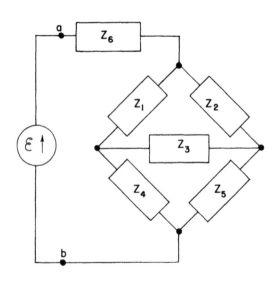

圖 22-14　電橋

第三個電流可以從這兩個電流之和獲得。

另一個不能利用阻抗的串聯和並聯法則加以分析的電路例子如圖22-14所示。像這樣的電路稱為「電橋」(bridge)，它出現在許多用來測量阻抗的儀器中。對這一電路，人們感興趣的問題往往是：各阻抗必須怎樣聯繫，才能使通過阻抗 z_3 的電流為零？符合這一要求的條件就留給大家去尋找。

22-4 等效電路

假定我們將發電機 ε 連接電路，而這電路到含有某種複雜、互連的阻抗，如圖22-15(a)所示。

由於所有從克希何夫法則得到的方程式都是線性的，因而當解出流經該發電機的電流時，我們就會得到 I 是與 ε 成正比的。我們可以寫出

$$I = \frac{\varepsilon}{z_{有效}}$$

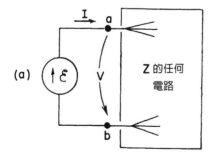
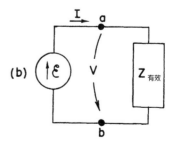

圖 22-15　任何被動元件的二端網路，都相當於一個有效阻抗。

現在式中 $z_{\text{有效}}$ 是複數，爲該電路中所有元件的代數函數。（假若該電路除了圖中所示的發電機之外，沒有其他發電機，那麼就不會有與 ε 無關的任何附加項。）但這恰好就是我們應寫出的關於圖 22-15(b) 的電路方程式。只要我們僅對 a 和 b 兩端點**左側**發生的事情感興趣，則圖 22-15 的兩個電路就是**等效的**。因此，我們可以做出一個普遍陳述：被動元件的**任何**二端網路（two-terminal network）都可以用單一阻抗 $z_{\text{有效}}$ 來代替，而不會改變電路中其餘部分的電流與電壓。當然，這個陳述的內容是來自克希何夫法則 —— 而最終來自馬克士威方程組的線性性質。

這一概念可推廣至同時含有若干部發電機和若干個阻抗的電路。假設我們是「從其中某一阻抗的觀點」來看這樣一個電路，而這阻抗稱爲 z_n，如圖 22-16(a) 所示。要是我們必須對整個電路的方程式求解，我們會發現兩端點 a 和 b 之間的電壓 V_n 是 I 的線性函數，我們可以將它寫成

$$V_n = A - BI_n \tag{22.22}$$

式中 A 和 B 依賴於電路中端點左側的發電機和阻抗。例如，對於圖 22-13 中的電路，我們求得 $V_1 = I_1 z_1$。這可以（經由對 (22.20) 式的重新排列而）寫成

$$V_1 = \left[\left(\frac{z_2}{z_2 + z_3} \right) \varepsilon_2 - \varepsilon_1 \right] - \frac{z_2 z_3}{z_2 + z_3} I_1 \tag{22.23}$$

於是，把這一方程式與關於阻抗 z_1 的方程式，即 $V_1 = I_1 z_1$，互相結合就可獲得全部的解；或者在一般情形下，經由將 (22.22) 式與

$$V_n = I_n z_n$$

結合，而獲得全部的解。

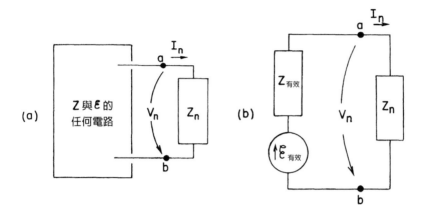

圖22-16 任何二端網路都可以用串聯一個阻抗的發電機來代替。

現在若我們考慮將 z_n 連接至由發電機和阻抗構成的簡單串聯電路，如圖 22-16(b)，則與 (22.22) 式相應的方程式為

$$V_n = \varepsilon_{有效} - I_n z_{有效}$$

只要我們令 $\varepsilon_{有效} = A$ 及 $z_{有效} = B$，則上式與 (22.22) 式完全相同。因此，若我們只對於在 a 和 b 兩端點**右側**所發生的事情感興趣，則圖 22-16 的那個任意電路總是可以用由發電機與阻抗串聯而成的等效結合體來代替。

22-5 能　量

我們已經看到，要在電感中建立起電流 I，能量 $U = \frac{1}{2}LI^2$ 必須由外電路供應。當電流下降到零時，這能量又交還給外電路。在理想電感中並沒有能量損耗機制。當有交變電流通過電感時，能量在

它與電路的其他部分之間來回流動，但遞交給電路的能量，**平均**速率為零。我們因而說電感是**無耗散**元件（nondissipative element），其中沒有電能被耗散掉，也就是沒有「損失掉」。

同樣的，一個電容器的能量 $U = \frac{1}{2}CV^2$，當電容器放電時，此能量會歸還給外電路。當電容器置於交流電路中時，能量在其中流進流出，但在每一週期中的淨能流為零。理想電容器也是無耗散元件。

我們知道，電動勢是能量源。當電流 I 沿電動勢的方向流動時，能量以 $dU/dt = \mathcal{E}I$ 的速率釋放給外電路。倘若電流是被電路中的其他發電機驅使，也就是**逆著**電動勢的方向流動，則這電動勢將以速率 $\mathcal{E}I$ 吸收能量；由於 I 是負的，所以 dU/dt 也是負的。

若發電機與電阻 R 相接，則通過該電阻的電流為 $I = \mathcal{E}/R$。由發電機以速率 $\mathcal{E}I$ 供應的能量為該電阻吸收。這能量在電阻中變成熱，使電路的電能損失掉。我們便說電能在電阻中**耗散**了。在電阻中能量被耗散的速率為 $dU/dt = RI^2$。

在交流電路中，能量消耗於電阻中的平均速率，等於 RI^2 在一週期中的平均值。由於 $I = \hat{I}e^{i\omega t}$ —— 這我們實際指的是 I 正比於 $\cos \omega t$，所以在一週期中，I^2 的平均值就是 $|\hat{I}|^2/2$，因為電流峰值為 $|\hat{I}|$，而 $\cos^2 \omega t$ 的平均值為 $\frac{1}{2}$。

當發電機接至任意一個阻抗 z 時，能量的損失又將如何？（當然，所謂「損失」，我們指的是電能轉換為熱能。）任何阻抗 z 都可以寫成它的實部及虛部之和。這就是說

$$z = R + iX \tag{22.24}$$

式中 R 和 X 都是實數。從等效電路的觀點出發，我們可以講，任何阻抗等價於一個電阻與一個純虛數阻抗〔稱為**電抗**（reactance）〕相

串聯，如圖 22-17 所示。

我們以前就知道，任何只由一些 L 和 C 組成的電路都具有純虛數阻抗。由於平均而言，沒有任何能量會在某一個 L 和 C 中損失，因此僅含有一些 L 和 C 的純電抗將不會有能量損失。我們可以看到，在一般情形下對於電抗來說，這必定是正確的。

若一部具有電動勢 ε 的發電機連接至圖 22-17 的那個阻抗上，則來自該發電機的電動勢與電流便應有如下關係：

$$\varepsilon = I(R + iX) \tag{22.25}$$

欲求得能量輸出的平均速率，我們就要求出乘積 εI 的平均值。此刻我們必須小心！當處理這種乘積時，我們必須與實數值 ε(t) 和 $I(t)$ 打交道。（只有當我們具有**線性**方程式時，複變數函數的實部才會代表實際的物理量；現在我們關心的是**乘積**，它們肯定不是線性的。）

假定我們選取 t 的原點，以便使振幅 $\hat{I}$ 為一實數，比如 I_0；那

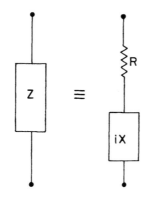

<u>圖 22-17</u>　任何阻抗都與純電阻及純電抗的串聯組合等效。

麼 I 的實際時間變化就由下式給出：

$$I = I_0 \cos \omega t$$

(22.25) 式的電動勢是下式的實部：

$$I_0 e^{i\omega t}(R + iX)$$

上式亦即

$$\varepsilon = I_0 R \cos \omega t - I_0 X \sin \omega t \qquad (22.26)$$

(22.26) 式中的兩項，分別代表圖 22-17 中跨越 R 和 X 的電壓降。我們看到，跨越電阻的電壓降與電流**同相**，而跨越純電抗部分的電壓降與電流**異相**。

由發電機供應的能量消耗，**平均速率** $\langle P \rangle_{平均}$ 等於乘積 εI 在一週期內的積分除以週期 T，換句話說

$$\langle P \rangle_{平均} = \frac{1}{T} \int_0^T \varepsilon I \, dt$$

$$= \frac{1}{T} \int_0^T I_0^2 R \cos^2 \omega t \, dt - \frac{1}{T} \int_0^T I_0^2 X \cos \omega t \sin \omega t \, dt$$

第一個積分為 $\frac{1}{2} I_0^2 R$，而第二個積分為零。所以在一個阻抗 $z = R + iX$ 中的平均能量損失，只取決於 z 的實部，並且等於 $I_0^2 R/2$；這同我們以往關於在電阻中的能量損失結果相符。在電抗部分並沒有能量損失。

22-6 梯狀網路

我們現在來考慮一個可以用串聯和並聯組合加以分析的有趣電路。假定從圖22-18(a) 的那個電路開始。我們可以立刻看出，從端點 a 至端點 b 的阻抗僅僅是 $z_1 + z_2$。現在讓我們考慮一個稍微困難一些的電路，即圖22-18(b) 的那一個。我們本來可以用克希何夫法則來分析這個電路，但用串聯和並聯的組合也很容易加以處理。我

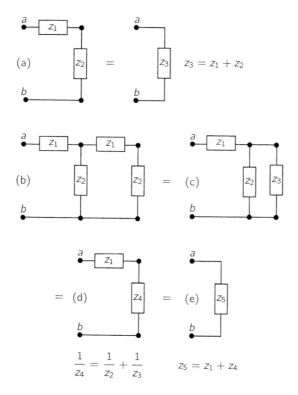

圖 22-18　梯狀網路的有效阻抗

們可用單一阻抗 $z_3 = z_1 + z_2$ 來代替右端的兩個阻抗，如圖 22-18(c) 所示。然後，z_2 和 z_3 兩阻抗又可用它們的等效阻抗 z_4 來代替，如圖 22-18(d) 所示。最後，z_1 和 z_4 等效於單一阻抗 z_5，如圖 22-18(e) 所示。

現在我們可以提一個有趣的問題：要是我們在圖 22-18(b) 的那個網路上，**永遠**持續增加一些節點——如圖 22-19(a) 中虛線所示，將會發生什麼樣的情況？我們能否解出這樣一個無限長的網路呢？噢，那並不怎麼困難。首先，我們注意到，假若在這一無限長網路的「前」端再添加一節，它並沒改變。的確，若我們添加一節於一無限長網路上，該網路仍然是無限長的網路。假設我們將此無限長網路兩端點 a 和 b 之間的阻抗稱為 z_0，則在 c 和 d 兩端點右側所有東西的阻抗也將是 z_0。因此，就其前端來說，我們可以將該網路表達成如圖 22-19(b) 所示。求出 z_2 與 z_0 的並聯組合，並將此結果與 z_1

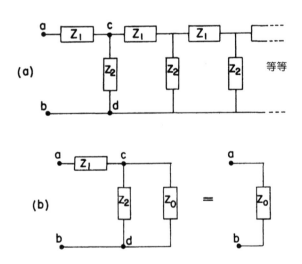

圖 22-19　無限長梯狀網路的有效阻抗

相串聯，我們便能立即寫下這個組合的阻抗

$$z = z_1 + \frac{1}{(1/z_2) + (1/z_0)} \quad 或 \quad z = z_1 + \frac{z_2 z_0}{z_2 + z_0}$$

但這一阻抗也等於 z_0，因而我們得到如下方程式

$$z_0 = z_1 + \frac{z_2 z_0}{z_2 + z_0}$$

由此可以解出 z_0

$$z_0 = \frac{z_1}{2} + \sqrt{(z_1^2/4) + z_1 z_2} \tag{22.27}$$

因此我們已求得無限長梯狀網路之阻抗的解，其中含有重複串聯和並聯的阻抗。阻抗 z_0 稱為這種無限長網路的**特性阻抗**（characteristic impedance）。

　　現在讓我們來考慮一個特殊例子，其中串聯元件是自感 L，並聯元件是電容 C，如圖 22-20(a) 所示。

　　在此情況下，經由令 $z_1 = i\omega L$ 和 $z_2 = 1/i\omega C$，我們便可求得該

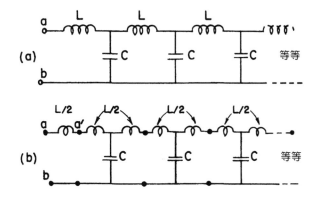

圖 22-20　以兩種等效方式畫出 L-C 梯狀網路

無限長網路的阻抗。注意 (22.27) 式中的第一項 $z_1/2$ 正好是頭一個元件之阻抗的一半。因此，要是我們將該無限長網路畫成如圖 22-20(b) 所示的那樣，似乎就更爲自然，或至少較爲簡單。若從端點 a' 去觀看該無限長網路，我們可知道其特性阻抗爲

$$z_0 = \sqrt{(L/C) - (\omega^2 L^2/4)} \qquad (22.28)$$

現在有兩種有趣的情況，都取決於頻率 ω。若 ω^2 小於 $4/LC$，則根號內的第二項將比第一項小，因而阻抗 z_0 將是實數。反之，若 ω^2 大於 $4/LC$，則阻抗 z_0 將是純虛數，並可寫成

$$z_0 = i\sqrt{(\omega^2 L^2/4) - (L/C)}$$

我們以前就曾說過，僅含如電感和電容那種虛數阻抗的電路，將有一個純虛數的阻抗。我們正在研究的電路（僅含有一些 L 和一些 C）在頻率低於 $\sqrt{4/LC}$ 時，其阻抗怎麼能夠是純電阻呢？對於較高頻率，阻抗爲純虛數，這與我們先前的說法一致。對於較低頻率，阻抗是純電阻，因而將吸收能量。要是電路僅由電感和電容所構成，它爲什麼會像電阻那樣不斷吸收能量呢？**答案**：由於有無數個電感和電容，以致於當電源連接到該電路上時，它會對第一個電感和電容供應能量，然後又供應第二個、第三個，如此等等。在這種電路中，能量不斷以恆定速率被吸收，即從發電機那裡穩定的流出並進入該網路中，所供應的這些能量，儲存在下行線路中的那些電感和電容中了。

這概念暗示著，在該電路中發生的情況有一個有趣的地方。我們可預期，倘若把源接到其前端，則此源的效應將經由網路向無限遠的一端傳播。這種波沿線向下的傳播，很像從驅動源吸收了能量的天線所發出的輻射；也就是說，我們預期當阻抗是實數，即 ω

比 $\sqrt{4/LC}$ 小時,這種傳播就會發生。但當阻抗是純虛數,即 ω
比 $\sqrt{4/LC}$ 大時,我們就不該指望看到任何這種傳播。

22-7 濾波器

在上一節中我們看到,圖 22-20 中的無限梯狀網路會不斷吸收
能量,假如它的驅動源低於某個臨界頻率 $\sqrt{4/LC}$ 的話,我們稱這個
頻率為**截止頻率**(cutoff frequency)ω_0。我們曾建議,此效應可以用
能量不斷沿線向下傳輸來理解。另一方面,在高頻時,即對於 ω >
ω_0,則沒有這種能量的連續吸收;這時我們應該期待,電流或許
不會沿線向下「透入」得很遠。讓我們來看看這些概念是否正確。

假設我們將該梯狀網路的前端連接到某部交流發電機,試問:
比方說梯狀網路第 754 節處的電壓情況如何?由於網路無限長,因
而從一節至次一節電壓所發生的任何變化總是一樣;所以就讓我們
只來看看當從某節,比方說第 n 節至下一節所發生的情況。我們將
如圖 22-21(a) 所示的那樣對電流 I_n 和電壓 V_n 下定義。

記住在第 n 節之後,我們總能用特性阻抗 z_0 來代替該梯狀網路
的其餘部分,這樣就可以從 V_n 得到 V_{n+1};於是我們只需對圖 22-
21(b) 中的那個電路進行分析。首先,我們注意到,由於 V_n 是橫跨
z_0 的電壓,因而它必須等於 $I_n z_0$;並且 V_n 與 V_{n+1} 之差恰好是 $I_n z_1$:

$$V_n - V_{n+1} = I_n z_1 = V_n \frac{z_1}{z_0}$$

因此我們可得到比率

$$\frac{V_{n+1}}{V_n} = 1 - \frac{z_1}{z_0} = \frac{z_0 - z_1}{z_0}$$

我們可以稱這個比率為梯狀網路每節的**傳播因數**(propagation fac-

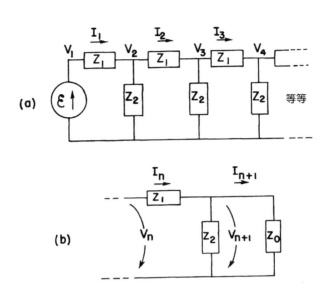

圖 22-21 找出梯狀網路的傳播因數

tor）：我們將它記為 α。當然，這對於所有的節都相同：

$$\alpha = \frac{z_0 - z_1}{z_0} \tag{22.29}$$

於是在第 n 節之後的電壓就是

$$V_n = \alpha^n \mathcal{E} \tag{22.30}$$

現在你可以找出第 754 節之後的電壓；它正好就是 α 的 754 次方乘以 $\mathcal{E}$。

我們看看圖 22-20(a) 中，L-C 梯狀網路的 α 大概是什麼。利用 (22.27) 式的 z_0 以及 $z_1 = i\omega L$，我們得到

$$\alpha = \frac{\sqrt{(L/C) - (\omega^2 L^2/4)} - i(\omega L/2)}{\sqrt{(L/C) - (\omega^2 L^2/4)} + i(\omega L/2)} \tag{22.31}$$

若驅動頻率低於截止頻率 $\omega_0 = \sqrt{4/LC}$ ，則平方根是一個實數，且在分子及分母中兩個複數的大小值相等。因此 $|\alpha|$ 的值爲 1 ，我們便可寫成

$$\alpha = e^{i\delta}$$

這意味著每節的電壓都相同；只是相位有變化。事實上，這相位的改變 δ 是負數，並代表當沿網路從一節至下一節時電壓的「延遲」。

對於比截止頻率 ω_0 高的頻率，最好是把(22.31)式的分子和分母中的 i 消去，重新寫成

$$\alpha = \frac{\sqrt{(\omega^2 L^2/4) - (L/C)} - (\omega L/2)}{\sqrt{(\omega^2 L^2/4) - (L/C)} + (\omega L/2)} \tag{22.32}$$

現在傳播因數 α 爲一實數，而且是小於 1 的數字。這意味著，在任一節上的電壓，只是前一節電壓的 α 倍（$\alpha < 1$）而已。對於任一比 ω_0 高的頻率，當我們沿網路下行時，電壓降落得很快。以 α 的絕對值爲頻率的函數所畫成的圖，看來就像圖 22-22 中的那條曲線。

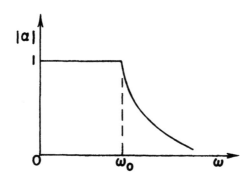

圖 22-22　在 L-C 梯狀網路中某一節的傳播因數

我們看到，對高於和低於 ω_0 的頻率，α 的行為都與我們的解釋相符：對於 $\omega < \omega_0$，該網路會傳播能量；而對於 $\omega > \omega_0$，能量會遭阻塞。我們說，這網路會「通過」低頻，而「捨去」或「濾去」高頻。任何一個網路，只要其特性是設計成按某一規定方式隨頻率變化，都稱為「濾波器」。我們剛才分析了一個「低通濾波器」（low-pass filter）。

你可能會覺得奇怪，為什麼要討論一個顯然不能實現的無限長網路。重點是，同樣的特性可以在有限網路中找到，只要我們用一個等於該特性阻抗 z_0 的阻抗，接在其末端來結束它便可。雖然在實際上是不能夠用幾個像 R、L 和 C 那樣的簡單元件，**精確**複製出該特性阻抗，但對於某個範圍內的頻率卻往往能以相當好的近似程度複製出來。這樣，就可以做成性質十分接近於無限長網路的有限長濾波器。例如，若用純電阻 $R = \sqrt{L/C}$ 來結束那個 L-C 梯狀網路，則它的表現就非常像之前對它描述的那樣。

假若我們在那個 L-C 梯狀網路中交換各個 L 和 C 的位置，形成如圖 22-23(a) 所示的那種梯狀網路，我們就有了傳播**高**頻而抑制**低**頻的濾波器。利用已有的結果，我們很容易看出在這網路中發生的事情。你將會注意到，無論什麼時候當我們把 L 變成 C 或**倒過來**時，也就把每一個 $i\omega$ 變成 $1/i\omega$。因此，過去在 ω 上所發生的事情，現在將在 $1/\omega$ 上發生了。特別是，我們可以利用圖 22-22，將其在橫軸上的標記改成 $1/\omega$，就像圖 22-23(b) 所示的那樣，來看出 α 如何隨頻率而變化。

我們剛才描述的低通和高通濾波器具有各種技術應用。L-C 低通濾波器常在直流電源供應器中當「平化」濾波器。假若我們要把交流電源製造成直流電源，則先要用一個只允許電流單向流動的整流器（rectifier）。我們會從整流器得到看來像圖 22-24 所示的函數

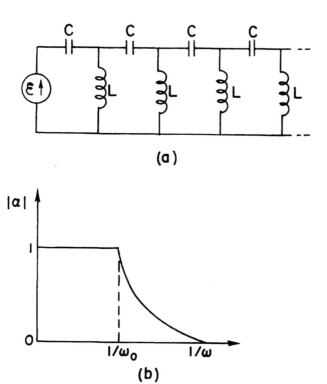

圖 22-23　(a) 高通濾波器；(b) 它的傳播因數做為 $1/\omega$ 的函數。

$V(t)$ 那樣的一系列脈衝，這是很糟的直流電，因為它上下擺動。假定想要一個漂亮的純粹直流電，比如像電池組供應的那樣；我們可以在整流器與負載之間，放置一個低通濾波器來接近這個目標。

　　從第 I 卷第 50 章中我們知道，圖 22-24 中的那個時間函數可以表示為一個恆定電壓加上一個正弦波、再加上一系列更高頻率的正弦波，如此一直疊加下去——即由一個傅立葉級數來表示。假若濾波器是線性的（正如我們曾假定，只要那些 L 和 C 都不隨電流或電

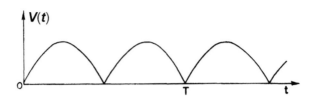

圖 22-24　全波整流器的輸出電壓

壓而變化），那麼從濾波器出來的，就是對輸入端每一成分的各項輸出的疊加。假若我們安排得使濾波器的截止頻率 ω_0 遠低於函數 $V(t)$ 中的最低頻率，則直流（$\omega = 0$）便能很好的通過，但第一諧波的振幅將消弱得很厲害；而更高諧波的振幅會消弱得更多。所以我們能夠獲得想要的平化的輸出，只取決於我們樂意購買多少節濾波器。

假若希望抑制某些低頻波，則可使用高通濾波器。例如，在一部留聲機的放大器中，高通濾波器可用來讓音樂通過，避開那些來自轉盤電動機低頻的隆隆聲。

也可能製成一種「帶通」濾波器（"band-pass" filter），它會抑制比某一頻率 ω_1 低、以及比另一頻率 ω_2 高的頻率（ω_2 大於 ω_1），但讓在 ω_1 與 ω_2 之間的頻率通過。這只要把一個高通與一個低通濾波器放在一起，就可以簡單做到，但更常經由製造一個梯狀網路來實現；在該網路中，其阻抗 z_1 和 z_2 更加複雜——每一個都是若干個 L 和 C 的組合。這種帶通濾波器也許具有如圖 22-25(a) 所示的那種傳播常數。舉例來說，這可能用來把一些僅占據一個頻率間隔的訊號分開來，這些訊號包括在高頻電話電纜中的許多聲音頻道的每一個載波，或在無線電傳遞中受了調制的每一個載波。

　　在第 I 卷第 50 章中我們曾看到，像這樣的濾波作用也可利用普通共振曲線的選擇性來做到；為了比較，我們已將該共振曲線畫在圖 22-25(b) 上。但對於某些目的來說，這一種共振濾波器不如帶通濾波器那麼優越。你會記得（第 I 卷第 48 章），當頻率為 ω_c 的載波受到「訊號」頻率 ω_s 調制時，整體訊號不僅含有載頻，而且還帶有兩個旁帶頻率（side-band frequency）$\omega_c + \omega_s$ 和 $\omega_c - \omega_s$。採用共振濾波器時，這些旁帶多少總會減弱，而且訊號的頻率愈高，旁帶減弱得愈厲害，正如你可以從圖上見到的。因此存在不良的「頻率響應」，那些較高頻的樂音通不過去。但若進行濾波的是帶通濾波器，且設計成能得使寬度 $\omega_2 - \omega_1$ 至少兩倍於最高訊號頻率，則該頻率響應對於所需的那些訊號來說，就將是「平坦」的了。

　　關於梯式濾波器我們還要再強調一點：圖 22-20 的 L-C 梯狀網路也是傳輸線的一種近似表示。若有一長導體與另一導體平行並

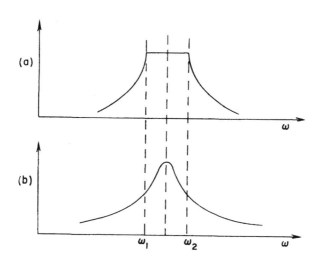

圖 22-25　(a) 帶通濾波器；(b) 簡單的共振濾波器。

列，諸如在一根同軸電纜中的導線或一根懸掛在地面上方的導線，
那麼就會有某些電容存在於兩導體之間，並且由於它們之間存在磁
場，所以還有某些電感。若我們設想該傳輸線分割成許多小段 $\Delta\ell$，
每一段看起來就像在 L-C 梯狀網路中，由串聯電感 ΔL 和並聯電容
ΔC 所構成的一節。然後，我們便能應用有關梯式濾波器的結果。
若取 $\Delta\ell$ 趨於零時的極限，則我們就有一個對傳輸線的良好描述。
注意當 $\Delta\ell$ 變得愈來愈小時，ΔL 和 ΔC 都會減少，且都以同一比例
減少，因而比值 $\Delta L/\Delta C$ 仍將保持不變。因此，若我們取 ΔL 和 ΔC
都趨於零時 (22.28) 式的極限，則我們發現特性阻抗是一個大小
為 $\sqrt{\Delta L/\Delta C}$ 的純電阻。我們也可將比值 $\Delta L/\Delta C$ 寫成 L_0/C_0，其中 L_0
和 C_0 分別代表傳輸線每單位長度的電感與電容；於是我們有

$$z_0 = \sqrt{\frac{L_0}{C_0}} \tag{22.33}$$

你也將注意到，當 ΔL 和 ΔC 各趨於零時，截止頻率 $\omega_0 = \sqrt{4/LC}$
會變成無限大。所以對於理想的傳輸線來說，不存在截止頻率。

22-8 其他電路元件

迄今我們只定義了那些理想電路的阻抗（電感、電容和電
阻），以及理想電壓產生器。現在我們要來證明，諸如互感、電晶
體或真空管等其他元件，都可以僅利用同樣的基本元件來描述。假
設我們有兩個線圈，而且有意或無意的使其中一個線圈的某些磁通
量耦合到另一個線圈中去，如圖 22-26(a) 所示。此時這兩個線圈會
有互感 M，使得當其中一個線圈的電流變化時，在另一線圈中將有
電壓產生。我們是否能將這種效應考慮進等效電路中呢？按下述方
式是能夠的。我們已經知道，兩個相互作用的線圈所產生的感應電

動勢，可以寫成兩部分之和：

$$\mathcal{E}_1 = -L_1 \frac{dI_1}{dt} \pm M \frac{dI_2}{dt}$$

$$\mathcal{E}_2 = -L_2 \frac{dI_2}{dt} \pm M \frac{dI_1}{dt}$$

(22.34)

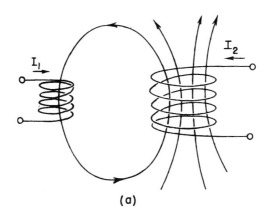

(a)

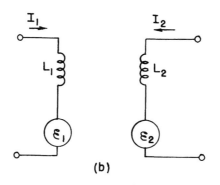

(b)

圖 22-26　互感的等效電路

第一項來自線圈的自感，而第二項則來自它與另一線圈間的互感。
第二項可正可負，取決於來自其中一個線圈的磁通量耦合到另一個
線圈上的方式。做出我們在描述理想電感時用過的同樣近似，我們
便可以說，跨越每個線圈兩端的電位差等於該線圈中的電動勢。於
是 (22.34) 中的兩個方程式將等同於我們從圖 22-26(b) 的電路中得到
的方程式，只要假定圖示中每一電路的電動勢，是依下列關係式取
決於對方電路中的電流：

$$\varepsilon_1 = \pm i\omega M I_2 \qquad \varepsilon_2 = \pm i\omega M I_1 \qquad (22.35)$$

因此我們所能做的是，以正常方式表示自感效應，但對於互感效應
則由輔助的理想電壓產生器來代替。當然，此外我們還應有一個方
程式，是描述這個電動勢與電路某一部分中的電流之關係；但只要
這方程式是線性的，我們不過是在電路方程式中加進了更多的線性
方程式，因此我們以前關於等效電路的所有結論，仍然正確。

　　除了互感之外，也可能還有互容（mutual capacitance，或稱交互
電容）。迄今，當我們談及電容器時，總是想像只有兩個電極；但
在許多情況下，比如在真空管中，就有許多彼此靠近的電極。若我
們將一電荷置於其中任一電極上，則它的電場將會在其他每個電極
上，感生一些電荷並影響其電位。舉例來說，試考慮如圖 22-27(a)
中所示的那四塊板。假定這四塊板分別由 A、B、C 和 D 四根導線
連接至外電路。只要我們所關心的僅限於靜電效應，則這種電極布
置的等效電路就如圖 22-27(b) 所示。任一電極對於其他每一電極的
靜電交互作用，相當於在這兩電極之間的一個電容。

　　最後，讓我們考慮應該怎樣表示交流電路中，像電晶體和真空
管那麼複雜的裝置。我們本該一開始就指出，這類裝置通常是如此
運行的：其中電流與電壓的關係都不是線性的。在這種情況下，我

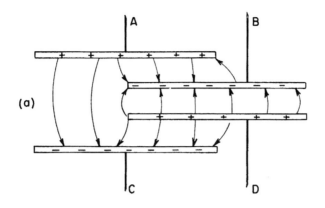

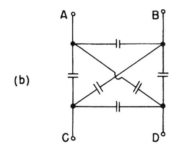

圖 22-27 互容的等效電路

們曾做出的、有賴於線性方程式的那些說法,當然不再正確。另一
方面,在許多應用中,電晶體和眞空管的運行特性曲線還是足夠線
性的,以致可將它們視爲線性裝置。這意味著例如在眞空管中,屏
極電路內的交變電流與出現在其他各電極上的電壓,諸如柵極電壓
和屏極電壓呈線性正比關係。當我們有這樣的線性關係時,就能夠
將該裝置納入等效電路的表示之中。

正如在互感的情況那樣,我們的表達方式不得不包含一些輔助

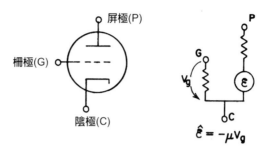

圖 22-28   真空三極管的低頻等效電路

電壓產生器,用以描述在該裝置某部分的電壓或電流,對其他部分的電流或電壓所產生的影響。例如,一個三極管的屏極電路通常可以表示為,一個電阻串聯於一個理想電壓產生器,這個產生器的源強正比於柵極電壓;我們便得到如圖 22-28 所示的那個等效電路。★

同理,電晶體的集極電路可以方便的表達成:一個電阻串聯於一理想電壓產生器,這個源的強度正比於從該電晶體的射極流向基極的電流。這時等效電路就如圖 22-29 所示的那樣。只要用來描述其運行的方程式是線性的,我們便可以用這些表達方式來描述真空管或電晶體。然後,當它們歸併入複雜網路中時,元件任意連接方式的等效表示,其一般結論仍然成立。

與僅含有阻抗的那種電路不同,關於電晶體和真空管電路中有一件值得注意的事情:其有效阻抗 $z_{有效}$ 的實部可以變成負值。我

★原注:圖上所示的等效電路只有在低頻時才正確。對於高頻來說,該等效電路變得複雜許多,而且將包括各種所謂的「寄生」(parasitic)電容和電感。

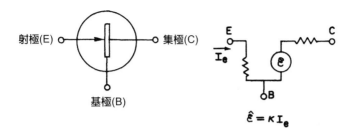

圖 22-29　電晶體的低頻等效電路

們已明白 z 的實部代表能量損耗；可是電晶體和真空管的重要特性
卻是它們對電路**供應**能量。（當然，它們並非在「創造」能量；它
們只是從電源供應器的直流電路中取得能量，並將其轉換為交變能
量。）因此，就可能有一種具備負電阻的電路。這樣的一個電路具
有如下性質：即假若你將它接至一個具有正實部的阻抗，也就是具
有正的電阻，並將相關要素安排成使該兩實部之和正好等於零，則
在該聯合電路中將不會有能量損散。假若沒有能量損耗，則任何一
個交變電壓一經啟動將永遠維持下去。振盪器或訊號產生器，能當
成可在任何想要的頻率上的交變電壓源，靠的就是這個基本概念。

第23章
空腔共振器

23-1　實際電路元件

　　任何一個由理想阻抗和發電機構成的電路,當我們從任一對的端點來看時,不論處在什麼頻率,它都相當於一部發電機 ε 和一個阻抗 z 的串聯。之所以會這樣,是因為若在那對端點上加一電壓 V,當解所有的方程式以求得電流 I 時,我們一定會得到電流與電壓間的線性關係。由於所有方程式都是線性的,因此對 I 所得的結果,必然也是只線性的依賴於 V。最普遍的這種線性形式可表示為

$$I = \frac{1}{z}(V - \varepsilon) \qquad (23.1)$$

一般說來,z 和 ε 兩者都可能以某種複雜的方式依賴於頻率 ω。然而,若是兩端點後面僅有一發電機 ε(ω) 與一阻抗 z(ω) 相串聯時,我們就應該得到(23.1)式那樣的關係。

　　也有與此相反的問題:若我們有一部具備兩個端點的任何電磁裝置,並且已**測量**了 I 與 V 的關係,以確定 ε 和 z 做為頻率的函數,那麼我們能否找到一個與內阻抗 z 等效的理想元件組合呢?答案是:對於任一合理的,也就是說物理上有意義的函數 z(ω),這種情況**可以**用一個包含有限組理想元件的電路來**近似**,且可達到我們希望的高精確度。我們現在暫不考慮這個普遍問題,而只想對幾種特殊情況從物理的論證,來看可預期會得到些什麼。

　　若我們考慮一個實際的電阻,則知道電流通過它時會產生磁場。所以任何實際電阻也應該有一些電感。並且,當有一電勢差跨

請複習:第 I 卷第 23 章〈共振〉、第 I 卷第 49 章〈模態〉。

越電阻時，則在電阻兩端必然有一些電荷以產生所必須的電場。當電壓改變時，這些電荷也將隨之成正比改變，所以該電阻也會有某些電容。我們期待一個**實際的**電阻也許會有如圖 23-1 所示的等效電路。在一個精心設計的電阻中，這裡所謂的「寄生」元件 L 和 C 都很小，以致於在那些預定用到的頻率上，ωL 會比 R 小得多，而 $1/\omega C$ 則比 R 大很多；因此就有可能把它們忽略掉。然而，當頻率升高時，它們最終會變得重要，因此電阻開始像諧振電路。

　　一個實際電感也並非等於阻抗為 $i\omega L$ 的理想電感。一個實際的導線線圈將有某些電阻，所以在低頻時，該線圈實際上就等效於一個電感與某個電阻的串聯，如圖 23-2(a) 所示。可是，你或許正在想，電阻和電感**共同**存在於一個實際的線圈中——電阻完全分散於整條導線中，因而已和電感互相混合了。我們也許更應該採用像圖 23-2(b) 那樣的電路，它有幾個小 R 和小 L 互相串聯。但這樣一個電路的總阻抗正好是 $\Sigma R + \Sigma i\omega L$，這就等效於 (a) 那個較簡單的圖了。

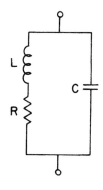

圖 23-1　一個實際電阻的等效電路

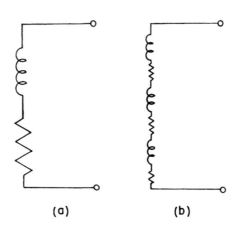

(a)　　　　　　　**(b)**

圖 23-2　一個實際電感在低頻時的等效電路

　　當我們對實際線圈提高頻率時，把它當成一個電感與一個電阻的串聯就不再是很好的近似。在導線上累積起來以產生電壓的電荷將會變得重要起來，這就像有一些小電容器橫跨於導線的各匝之間，如圖 23-3(a) 所示。也許我們會試著用圖 23-3(b) 中的電路來近似實際的線圈。在低頻時，這電路用圖 23-3(c) 那個較簡單的電路，就可以很好的模擬出來（這個共振電路仍然與我們對一個電阻的高頻模型所找到的相同）。然而，對於較高頻率，則圖 23-3(b) 的那個較複雜電路將更好。事實上，你想愈精確表達一個真實電感的實際阻抗，你就得在它的人為模型中用愈多的理想元件。

　　讓我們稍微密切注視實際線圈中發生的情況。一個電感的阻抗表現為 ωL，因而在低頻時它變為零，也就是出現「短路」：我們見到的只是導線的電阻。當頻率增高時，ωL 很快變得比 R 大許多，而該線圈看起來很像理想電感。然而，當頻率增得更高時，電容變得重要起來。它的阻抗正比於 $1/\omega C$，當 ω 小時，此數值很

大。因此對於足夠低的頻率，電容是「斷路」，而當它與別的東西並聯時，不會抽取任何電流。但在高頻時，電流更願意流入各匝間的電容，而不是流經電感。所以線圈中的電流從一匝跳躍至另一匝，而不必費心一再去兜圈子來抵抗電動勢了。因此，儘管我們也許已經預定電流會環繞迴路，但它將選取較方便的路徑——阻抗最小的路徑。

要是大眾曾對這一類課題感興趣，那麼這效應可能已經被賦予「高頻障壁」（high-frequency barrier），或其他類似的名稱了。同樣的事情在所有學科中都會出現。在氣體動力學中，若你試圖讓原來是

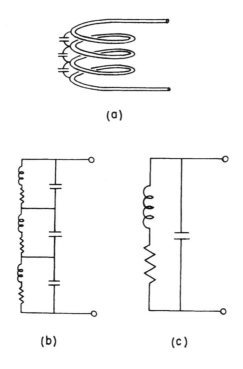

(a)

(b)   (c)

圖23-3　一個實際電感在高頻時的等效電路

爲低速設計的東西跑得比音速快，那就不行。這並非意味著在那兒確實存有巨大的「障壁」，而只是指該東西必須重新設計罷了。因此，原先我們設計來做爲「電感」的線圈，在非常高的頻率上將不再是良好的電感，而成爲某種其他的東西。對於高頻，我們得尋找新的設計。

23-2 高頻時的電容器

現在我們要詳細討論當頻率變得愈來愈大時的電容器（幾何上的理想電容器）的行爲，如此我們能看到其性質的轉變。（我們寧可採用電容器而不採用電感，爲的是一對板的幾何形狀比一個線圈的幾何形狀要簡單得多。）我們考慮圖 23-4(a) 所示的那個電容器，構成它的兩塊平行圓板用一對導線接至外界的發電機上。假若我們用直流電對電容器充電，則在其中一板上將有正電荷，在另一板上有負電荷；而在兩板之間有一均勻電場。

現在假定不用直流電，而是加一個低頻交流電於兩板上。（稍後我們會知道什麼是「低」頻、什麼是「高」頻。）比方說，把電容器連接至低頻發電機上，當電壓正在交變時，上板的正電荷會被取出，換上負電荷。在這件事情發生時，電場會隨之消失，然後又在相反的方向建立起來。當電荷慢慢的來回涌動時，電場也跟著變化。除了一些我們將要加以忽略的邊緣效應外，在每一瞬間電場是均勻的，如圖 23-4(b) 所示。我們可以將電場的大小寫成

$$E = E_0 e^{i\omega t} \tag{23.2}$$

式中 E_0 是常數。

現在，當頻率升高時，這是否仍然正確呢？不，因爲電場增高

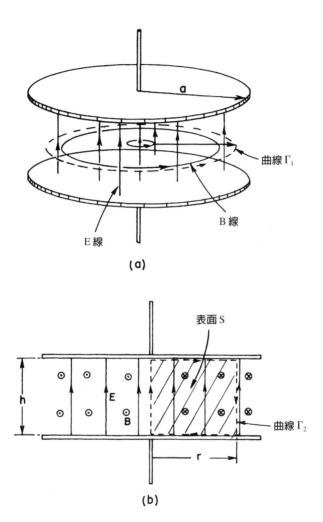

曲線 Γ_1

B 線

E 線

(a)

表面 S

h

E

B

曲線 Γ_2

r

(b)

<u>圖 23-4</u>　電容器兩極板間的電場與磁場

和降低時，會有電通量穿過像圖 23-4(a) 中的任意迴路 Γ_1。而正如
你所知的，一個變化的電場會產生磁場。馬克士威方程組之一說，
當有變化的電場時，正如眼前存在的那樣，就一定有磁場的線積

分。環繞某一閉合環的磁場積分乘以 c^2 之後，就等於穿過該環內面積電通量的時間變化率（若是沒有電流的話）：

$$c^2 \oint_\Gamma \boldsymbol{B} \cdot d\boldsymbol{s} = \frac{\partial}{\partial t} \int_{\text{在 } \Gamma \text{ 之內}} \boldsymbol{E} \cdot \boldsymbol{n} \, da \qquad (23.3)$$

所以，到底磁場有多大呢？計算並非十分困難。假定考慮迴路 Γ_1，它是一個半徑為 r 的圓周。我們從對稱性可以看出，磁場會像圖中所示的那樣繞圓周轉。這樣 $\boldsymbol{B}$ 的線積分就是 $2\pi rB$。而且由於電場是均勻的，所以電通量就是 E 乘以該圓的面積 πr^2：

$$c^2 B \cdot 2\pi r = \frac{\partial}{\partial t} E \cdot \pi r^2 \qquad (23.4)$$

對於交變場來說，E 對時間的導數就只是 $i\omega E_0 e^{i\omega t}$。因此我們求得，該電容器具有磁場

$$B = \frac{i\omega r}{2c^2} E_0 e^{i\omega t} \qquad (23.5)$$

換句話說，磁場也在振盪，而且強度正比於半徑 r。

這會產生什麼效應呢？當有一個正在變化的磁場，將會產生一些感生電場，而該電容器的作用將有點像電感。當頻率升高時，這磁場變得較強；它與 E 的變化率成正比，因而也與 ω 成正比。該電容器的阻抗不再簡單的等於 $1/i\omega C$。

讓我們繼續提高頻率，並更仔細的分析將會發生的情況。我們有一個來回振盪的磁場。但這時的電場就不可能像我們曾假定的那樣是均勻的了！根據法拉第定律，當有一個正在變化的磁場時，就必然有一個電場的線積分。所以若有一個相當大的磁場，正如在高頻時就開始發生的那樣，則離開中心所有距離處的電場，不可能都相同。電場必須隨 r 改變，才能使電場的線積分等於變化的磁通量。

讓我們來看看能否算出正確的電場。經由算出對原來就低頻時假定的均勻場的「修正」，便能夠完成這件事。我們將該均勻場稱作 E_1，它仍舊是 $E_0 e^{i\omega t}$，並將正確的場寫成

$$E = E_1 + E_2$$

其中 E_2 就是變化的磁場引起的修正。對於任意頻率 ω，我們將把在該電容器中心處的場寫成 $E_0 e^{i\omega t}$（因而定義了 E_0），使得在這中心處並不需要修正；即在 $r = 0$ 處，$E_2 = 0$。

為求得 E_2，我們可利用法拉第定律的積分形式：

$$\oint_\Gamma \boldsymbol{E} \cdot d\boldsymbol{s} = -\frac{\partial}{\partial t}(\boldsymbol{B} \text{之通量})$$

這些積分很簡單，只要取迴路像圖 23-4(b) 所示的曲線 Γ_2，即沿軸上升，當達到上板時再沿半徑向外伸展至距離 r 處，又垂直落到底板，然後又返回到軸上。E_1 環繞此曲線的線積分當然是零，所以就只有 E_2 作出貢獻；而它的積分正好是 $-E_2(r) \cdot h$，其中 h 是兩板間的距離。（若 E 指向上，我們稱為正。）這等於 B 通量的變化率，我們得經由對圖 23-4(b) 中 Γ_2 內陰影面積 S 的積分來求得它。穿過寬度為 dr 的垂直狹條的通量為 $B(r)h\,dr$，因而總通量就是

$$h \int B(r)\, dr$$

令這一通量對時間的偏微分的負值（即將 $-\partial/\partial t$ 作用在通量上），等於 E_2 的線積分，我們有

$$E_2(r) = \frac{\partial}{\partial t} \int B(r)\, dr \tag{23.6}$$

注意式中 h 已對消掉了；場與兩板間的距離無關。

利用關於 $B(r)$ 的 (23.5) 式，我們有

$$E_2(r) = \frac{\partial}{\partial t}\frac{i\omega r^2}{4c^2}E_0e^{i\omega t}$$

時間的導數只不過消掉 $i\omega$ ，於是我們得到

$$E_2(r) = -\frac{\omega^2 r^2}{4c^2}E_0e^{i\omega t} \qquad (23.7)$$

正如所預期的，這感應電場傾向於將遠離中心的電場**減弱**。於是修正後的電場 $E = E_1 + E_2$ 為

$$E = E_1 + E_2 = \left(1 - \frac{1}{4}\frac{\omega^2 r^2}{c^2}\right)E_0e^{i\omega t} \qquad (23.8)$$

電容器內的電場不再均勻，它具有如圖 23-5 中虛線所示的那種拋物線形狀。你看，我們的簡單電容器已變得稍微複雜了。

我們現在可以利用得到的結果來計算電容器在高頻時的阻抗。知道了電場後，我們應該能夠算出板上的電荷，並求出通過電容器的電流如何取決於頻率 ω ，但我們目前對這個問題不感興趣。我們

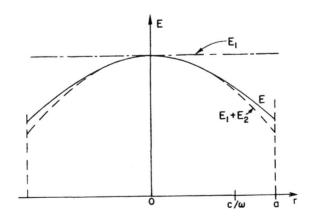

圖 23-5　高頻時電容器兩板間的電場（已忽略邊緣效應）

更感興趣的是要看看當繼續提高頻率時會發生什麼情況——看看在更高頻率上所發生的事情。我們的工作是否結束了呢？不，因為我們已修正了電場，這意味著已算出來的磁場不再是正確的了。(23.5)式中的磁場也是近似正確的，但它只是第一階近似，所以就讓我們稱它為 B_1。這樣應將(23.5)式重新寫成

$$B_1 = \frac{i\omega r}{2c^2} E_0 e^{i\omega t} \tag{23.9}$$

你會記得，這個場是由 E_1 的變化產生的。現在正確的磁場將是由總電場 $E_1 + E_2$ 所產生的。若把磁場寫成 $B_1 + B_2$，則其中第二項就恰好是由 E_2 所產生的附加場。為求出 B_2，可以經由我們求 B_1 時用過的相同論證來進行：B_2 環繞曲線 Γ_1 的線積分等於 E_2 穿過 Γ_1 的通量的變化率。我們將仍然有(23.4)式，其中用 B_2 代替 B，而用 E_2 代替 E：

$$c^2 B_2 \cdot 2\pi r = \frac{\partial}{\partial t} \ (E_2 \ 穿過的 \ \Gamma_1 \ 通量)$$

由於 E_2 隨著半徑變化，因而要得到它的通量就得對 Γ_1 內的圓面積進行積分。用 $2\pi r \, dr$ 做為面積元素，這個積分就是

$$\int_0^r E_2(r) \cdot 2\pi r \, dr$$

因此對於 $B_2(r)$ 我們得到

$$B_2(r) = \frac{1}{rc^2} \frac{\partial}{\partial t} \int E_2(r) r \, dr \tag{23.10}$$

利用來自(23.7)式的 $E_2(r)$，我們需要對 $r^3 \, dr$ 進行積分，而這積分當然是 $r^4/4$。對於磁場的修正變成

$$B_2(r) = -\frac{i\omega^3 r^3}{16c^4} E_0 e^{i\omega t} \tag{23.11}$$

可是事情還沒有完成！假若磁場與我們最初設想的並不相同，則剛才對 E_2 的計算便不算正確。我們必須對 E 作進一步的修正，那來自額外的磁場 B_2。讓我們稱這個對電場的附加修正爲 E_3。它與磁場 B_2 的關係，就猶如 E_2 與 B_1 的關係。我們可以再次利用 (23.6) 式，只不過要改變其中的下標：

$$E_3(r) = \frac{\partial}{\partial t} \int B_2(r)\, dr \qquad (23.12)$$

利用前面關於 B_2 的結果，也就是 (23.11) 式，對電場的新修正爲

$$E_3(r) = +\frac{\omega^4 r^4}{64 c^4} E_0 e^{i\omega t} \qquad (23.13)$$

將經過兩次修正的電場寫成 $E = E_1 + E_2 + E_3$，我們得到

$$E = E_0 e^{i\omega t} \left[1 - \frac{1}{2^2} \left(\frac{\omega r}{c} \right)^2 + \frac{1}{2^2 \cdot 4^2} \left(\frac{\omega r}{c} \right)^4 \right] \qquad (23.14)$$

電場隨半徑 r 的變化，不再是我們在圖 23-5 中畫出的那條簡單拋物線，而是在較大的半徑處且略高於 $(E_1 + E_2)$ 曲線。

事情尚未完成。新的電場對磁場產生新的修正，而這個經過重新修正的磁場又將對電場產生進一步的修正，如此不停進行。然而，我們已經有了所需要的全部公式。對於 B_3，我們可以利用 (23.10) 式，只要將 B 和 E 的下標從 2 改成 3 即可。

對電場的下一階修正是

$$E_4 = -\frac{1}{2^2 \cdot 4^2 \cdot 6^2} \left(\frac{\omega r}{c} \right)^6 E_0 e^{i\omega t}$$

因此，在達到這一階時，整個電場就由下式給出：

$$E = E_0 e^{i\omega t}\left[1 - \frac{1}{(1!)^2}\left(\frac{\omega r}{2c}\right)^2 + \frac{1}{(2!)^2}\left(\frac{\omega r}{2c}\right)^4 \right.$$
$$\left. - \frac{1}{(3!)^2}\left(\frac{\omega r}{2c}\right)^6 \pm \cdots\right]$$

(23.15)

其中我們已把各數字係數寫成這樣的形式，以便能更清楚該級數如何繼續。

我們的最後結果是：在該電容器兩板間的電場，對任一頻率來說，都等於 $E_0 e^{i\omega t}$ 乘以僅含有變量 $\omega r/c$ 的無窮級數。倘若我們樂意，就可以定義一個稱為 $J_0(x)$ 的特殊函數，做為出現在 (23.15) 式中括號內的無窮級數：

$$J_0(x) = 1 - \frac{1}{(1!)^2}\left(\frac{x}{2}\right)^2 + \frac{1}{(2!)^2}\left(\frac{x}{2}\right)^4 - \frac{1}{(3!)^2}\left(\frac{x}{2}\right)^6 \pm \cdots$$

(23.16)

這樣，就可以將我們的解寫成 $E_0 e^{i\omega t}$ 乘以這個函數，其中 $x = \omega r/c$：

$$E = E_0 e^{i\omega t} J_0\left(\frac{\omega r}{c}\right)$$

(23.17)

之所以稱這個函數為 J_0 的原因是，當然啦，這並不是第一次有人解出柱體中振盪的問題。此函數以前就已出現過，而且經常給稱為 J_0。每當你解具有柱對稱的波動問題時，它總是會出現。函數 J_0 對於柱面波就如同餘弦函數對於沿直線傳播的波。因此它是重要的函數，且已發現多時，之後與一個姓貝色（Friedrich Wilhelm Bessel, 1784-1846，德國天文學家兼數學家）的人的姓氏聯繫上了。那個「下標零」意指貝色曾經發現過整個一系列不同的函數，而這只是其中的第一個。

其他的貝色函數 J_1、J_2 等，與強度隨著繞圓柱軸的角度而變

的那些柱面波有關。

在我們的圓形電容器兩板間，完全修正後的電場由 (23.17) 式給出，它已給畫成圖 23-5 中那條實曲線。對於不太高的頻率，我們的第二階近似已經很好了。第三階近似甚至會更好 —— 事實上，好到要是我們將它畫出來，你不可能看出它與那條實線間的差別。然而，你將在下一節中看到，對於大的半徑或高的頻率，爲得到準確的描述，就需要整個級數了。

23-3　共振腔

我們現在要來看看，當我們繼續把頻率變得愈來愈高時，對於電容器兩板間的電場會得出怎樣的解。對於大的 ω，參數 $x = \omega r/c$ 也變大了，因而在 J_0 的 x 級數中，前幾項將增加得很快。這意味著，我們曾在圖 23-5 中畫出來的那條拋物線，在較高頻率處會更加急劇下降。事實上，看來好像在某個高頻處，場會完全降低至零，也許當 c/ω 接近 a 的一半時。讓我們來看看 J_0 是否確實會通過零而變成為負的。我們試著由 $x = 2$ 開始：

$$J_0(2) = 1 - 1 + \tfrac{1}{4} - \tfrac{1}{36} = 0.22$$

函數仍未等於零，因此就讓我們試一個更大的 x 值，比如說 $x = 2.5$。代入數字後，可得

$$J_0(2.5) = 1 - 1.56 + 0.61 - 0.11 = -0.06$$

在我們達到 $x = 2.5$ 之前，函數 J_0 已經通過了零點。對 $x = 2$ 和 $x = 2.5$ 的結果進行比較，看來似乎 J_0 在從 2.5 至 2 的五分之一路程處通過零點。我們應該猜測零發生在 x 大約等於 2.4 的地方。現在看看

對於這個 x 值會給出的結果：

$$J_0(2.4) = 1 - 1.44 + 0.52 - 0.08 = 0.00$$

在精確到小數點後兩位時得到零。若計算得更精確些（或由於 J_0 是著名函數，所以只要查一查書本就可得到），我們會發現它在 $x = 2.405$ 處通過零。我們已經將它們筆算出來。這表明你們也可以發現這些東西，而不一定要從書本上查出來。

　　只要在書中查找到 J_0，注意它在 x 值較大時如何表現，是十分有趣的。它看來像圖 23-6 中的那條曲線；當 x 增大時，$J_0(x)$ 在正值與負值之間振動，且振幅逐漸減小。

　　我們已經得到下列有趣結果：若頻率夠高，則在電容器中心處，電場將指向一個方向，而在靠近邊緣處，電場又將指向相反方向。例如，假設我們取一個夠高的 ω，使 $x = \omega r/c$ 在電容器邊緣處的值為 4，那麼電容器的邊緣就相當於圖 23-6 中，橫座標 $x = 4$ 的

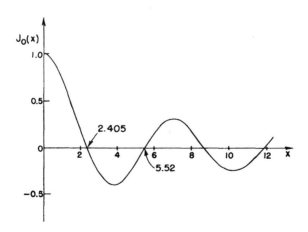

圖 23-6　貝色函數 $J_0(x)$

地方。這意味著我們的電容器是在 $\omega = 4c/a$ 這個頻率工作的。在板的邊緣處，電場值將相當大而方向與我們期待的相反。這就是在高頻時，電容器可能發生的令人驚異的事情。若把頻率增得很高，則當我們從電容器中心向外移動時，電場的方向會來回振動很多次。

此外還存在與這些電場相關的磁場。因此，對於高頻來說，我們的電容器看來並不像理想電容，就不足爲怪了。我們甚至可能開始懷疑：它看來更像電容器還是電感呢？我們應該強調，我們已經忽略了發生在電容器邊緣，更加複雜的一些效應。例如，會有經過邊緣向外的輻射波，因而場甚至比我們已算出來的還要複雜，但此刻我們先不操心那些效應。

本來我們也可嘗試找出電容器的等效電路，但或許更好是直接承認：我們曾爲低頻而設計的電容器，當頻率太高時就不再令人滿意了。若要來處理這樣的物體在高頻時的運行狀況，我們就必須放棄在處理電路時，曾經做過的那種馬克士威方程組的近似方法，而回到能夠完全描述空間中場的完整方程組。我們不再與一些理想電路元件打交道，而必須處理那些實際存在的真實導體，把導體之間空間內的一切場都考慮進來。例如，若我們想要有一個高頻共振電路，則不會試著用線圈與平行板電容器去設計它。

我們已經提到，剛才正在分析的那個平行板電容器，同時具有電感和電容兩者的某些特徵。既然有電場，就會在兩板的表面上聚積電荷；既然有磁場，就會產生反電動勢。是否有可能我們已經有了一個共振電路呢？

我們確實得到了。假設我們挑選這樣一個頻率，它能使電場模式在盤的邊緣內某個半徑上降低至零；也就是說，我們選取一個比 2.405 大的 $\omega a/c$。在這個與兩板共軸的圓周上，電場處處都將是零。現在假定我們取一塊薄金屬板，並剪裁成讓寬度恰好足以安裝在電

容器的兩板之間，然後把它彎成圓柱，放在電場等於零的那個半徑上。由於那裡沒有電場，所以當我們放進這個導體圓柱時，不會有電流流過；而且在電場和磁場方面也不會有什麼變化。

我們已經能夠在電容器中間放置一個直接短路裝置，而不致引起任何變化。並且看看我們現在有的東西吧：我們有一個閉合柱形盒，其中存在電場和磁場，但完全不和外界聯繫。即使丟掉兩板邊緣伸到盒外的部分以及電容器的接線，盒內的場仍不會變化。我們留下來的就是一個內部有電場和磁場的封閉盒子，如圖 23-7(a) 所示。電場以頻率 ω 來回振動——不要忘記，ω 決定了盒子的直徑。振動 E 場的振幅隨著從盒軸心向外伸出的距離而變化，如圖 23-7(b) 的曲線所示。這曲線不過是零階貝色函數的第一段弧線。此外，還有一個磁場環繞著軸轉，並以在時間上與電場相差 90° 的相位振動。

我們也可對磁場寫出一個級數，並將它描繪出來，如圖 23-7(c) 的曲線所示。

在與外界沒有任何聯繫的情況下，盒子內是如何具有電場和磁場的呢？這是因為電場與磁場會相互支撐：正在改變的 E 產生一個 B，而正在改變的 B 又產生一個 E —— 一切都依循馬克士威方程組。磁場具有電感的性質，而電場則具有電容的性質；兩者合在一起才構成像共振電路的某種東西。注意剛才描述的這些情況，只有當盒子半徑恰好等於 $2.405c/\omega$ 時才會發生。對於半徑已經給定的盒子，這些振動的電場與磁場只有在那些特定頻率，才會按照我們所描述的方式相互支撐。因此一個半徑為 r 的圓柱罐在如下的頻率會發生**共振**：

$$\omega_0 = 2.405 \frac{c}{r} \qquad (23.18)$$

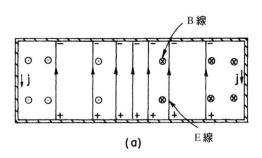

(a)

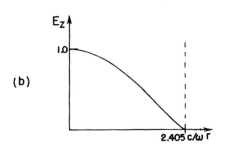

(b)

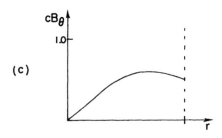

(c)

圖 23-7 封閉圓柱罐內的電場與磁場

我們曾說過，在圓柱罐完全封閉後，場將繼續照原方式振動。那並非完全正確。假如罐壁是理想導體，那就有可能。然而，對於實際的圓柱罐，存在於罐壁的振動電流，會由於材料中的電阻而損耗能量。因而場的振動將逐漸衰減。從圖 23-7 可以看到，必然有一些強電流伴隨空腔內部的電場與磁場。因為垂直方向的電場會突然在罐子的頂板和底板停頓下來，所以它在那裡就有巨大散度；因而也就一定會有正、負電荷出現在罐子的內表面，如圖 23-7(a) 所示。當電場倒轉時，電荷必然也會倒轉，因此在罐子的頂板和底板之間，就必然會形成交變電流。這些電荷將在罐壁流動，如圖所示。經由考慮磁場所發生的情況，我們也能看出，必然會有電流通過罐子的側壁。圖 23-7(c) 的曲線告訴我們，磁場在罐子的邊緣會突然下降至零。磁場像這樣突然變化，只有當罐壁存在電流時才可能發生。就是這電流，向罐子的頂板和底板提供那些交變電荷。

你可能對我們在垂直的罐壁中發現有電流而感到奇怪。關於以前講到，在電場為零的地方引進這些罐壁不會改變任何東西，又是怎麼回事呢？可是，你要記住，當我們起初放進罐壁時，頂板和底板還伸出於壁外，因而在罐子外面還存在有磁場。只有當我們丟掉了伸出於罐子邊緣外那部分的電容器極板後，淨電流才不得不出現在該垂直罐壁的內表面上。

雖然在完全封閉的罐子內，電場與磁場將會由於能量損失而逐漸減弱，但我們還是能夠阻止這件事發生，只要我們在罐子上挖一個小洞，並輸入一點電能以補充損失即可。試取一根小導線，插入罐子旁邊的小洞中，並將它固定在內壁上以形成一個迴路，如圖 23-8 所示。假若我們現在將這一導線連接至一高頻交變電源，則電流將會把能量耦合進空腔內的電場與磁場，而使振動能夠持續進行。當然，這只有在驅動源的頻率與盒子的共振頻率相同時才會發

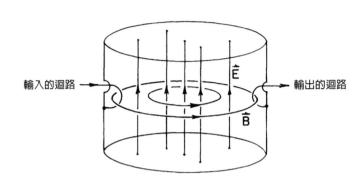

圖 23-8　共振腔的耦進和耦出

生。若是源的頻率不恰當，則電場與磁場將不會發生共振，因而罐子內部的場就會變得非常微弱。

經由在罐子旁邊再開另一個小孔，並鉤住另一個耦合迴路，如在圖 23-8 中描繪出來的那樣，則這共振行為便容易觀察到。穿過這耦合迴路的變化磁場將在迴路中產生一感應電動勢。若此迴路現在連接至某個外面的測量電路，則電流將正比於空腔中場的強度。假定現在將空腔的輸入迴路接至一部射頻訊號產生器，如圖 23-9 所

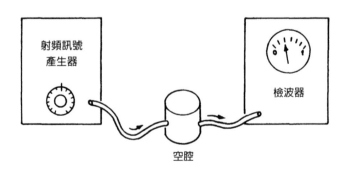

圖 23-9　觀測空腔共振所用的設備

示。這訊號產生器含有一交變電流源，其頻率可由旋轉產生器面板上的旋鈕改變。然後我們將空腔的輸出迴路接至「檢波器」上，它是一部能測量來自輸出迴路之電流的儀器。它會給出正比於電流的指針讀數。

假若我們現在測量做為該訊號產生器頻率之函數的輸出電流，我們找到一條像圖23-10所示的曲線。除了十分靠近空腔共振頻率 ω_0 的那些頻率外，對於其他所有頻率，輸出電流都很小。這條共振曲線非常像我們曾在第 I 卷第23章中所描述過的那些曲線。然而，這一共振曲線的寬度，比起通常由電感和電容所構成的共振電路中所求得的要狹窄許多；也就是說，空腔的 Q 值非常高。要得到一個高達10萬或更大的 Q 值並不稀奇，只要空腔的內壁是由某些像銀那樣十分優良的導電材料所構成即可。

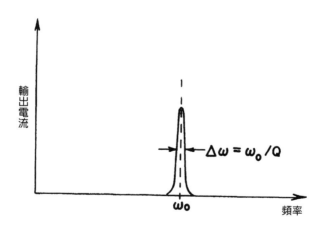

圖23-10　共振腔的頻率響應曲線

23-4 腔模態

　　假設現在我們試圖經由對實際罐子作測量，來檢驗上述理論。我們取一個圓柱形罐子，直徑爲 3.0 英寸，而高度約 2.5 英寸，裝配有如圖 23-8 所示的輸入和輸出迴路。若我們按照 (23.18) 式算出這個罐子預期的共振頻率，則可得到 $f_0 = \omega_0/2\pi = 3010$ MHz。若我們將訊號產生器的頻率設置在 3000 MHz 左右，並稍微改變頻率以獲得共振時，就會觀察到最大輸出電流發生於頻率爲 3050 MHz 處，這數值很接近預期的共振頻率，但非完全相同。產生差異有幾種可能原因。或許是由於爲了要放進耦合迴路而挖開的那些小洞，使共振頻率稍微改變。然而，稍微想一下就會明白，那些小洞理應使共振頻率略爲降低，因此這不能成爲理由。或許是在校準訊號產生器時稍有誤差，也許是我們對空腔的直徑量得不夠準確。但無論如何，還是符合得相當好。

　　更爲重要的是：當訊號產生器的頻率在 3000 MHz 以上稍有改變時，所發生的情況。當我們這樣做時，將得到如圖 23-11 所示的結果。我們發現，除了在 3000 MHz 附近那個預期的共振外，還有一個接近 3300 MHz 和一個接近 3820 MHz 的共振。這些附加的共振意味著什麼呢？我們也許可從圖 23-6 得到一點線索。

　　儘管我們曾假定貝色函數的第一個零點出現在罐子的邊緣，但也有可能貝色函數的第二個零點與罐子的邊緣相對應，因此當我們從罐子中心移動至邊緣時，電場恰好完成一個完整的振動，如圖 23-12 所示。這是關於振動場的另一種可能模態。我們應當肯定的預期罐子會以這種模態發生共振。可是要注意，貝色函數的第二個零點發生在 $x = 5.52$ 處，這是第一個零點處的值的 2 倍多。因此，

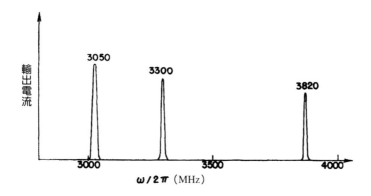

圖 23-11 對柱形空腔觀測到的幾個共振頻率

這個模式的共振頻率就應比 6000 MHz 還高。無疑，我們會在那裡找到它的，但卻不能用它來解釋在 3300 MHz 處觀測到的那個共振。

麻煩在於對共振腔行為的分析，我們只考慮了電場與磁場的一

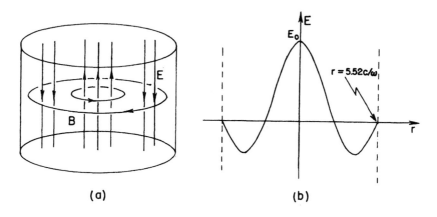

圖 23-12 更高頻率的模態

種可能的幾何布局。我們已經假定電場是垂直的而磁場則位於一些水平圓周上。但別的場也是有可能的。唯一的要求是：罐子內的電場和磁場都必須滿足馬克士威方程組，而且電場還必須與罐壁正交。我們已考慮過罐子頂部和底部都是平坦的情況，但要是頂和底都彎曲，事情也不會完全不同。事實上，我們怎能夠預期，罐子知道哪兒是它的頂、底以及側面？實際上能夠證明，在罐內就存在電場，且電場或多或少穿越直徑的振動模態，如圖 23-13 所示。

　　這一模態的固有頻率，與我們曾考慮過的第一個模態的固有頻率，不應有很大的差別，這點並不太難理解。假設不取該柱形空腔，而是取一個每邊 3 英寸的立方形空腔。這很清楚，這個空腔該有三種不同模態，但都有相同的頻率。其中電場幾乎是上下振動的一種模態，肯定將與其中電場是左右指向的另一種模態，具有相同的頻率。若我們現在將該正方形空腔扭曲成圓筒，就會或多或少改變頻率。但我們仍應該期望，假定我們對該空腔的尺寸大約保持一樣的話，則這些頻率不會改變得太多。因此，圖 23-13 那種模態的頻率，與圖 23-8 中模態的頻率應該相差不大。本來我們可以對圖

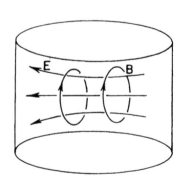

圖 23-13　柱形空腔的一種橫向模態

23-13 的模態詳細算出固有頻率，但此刻我們還不打算那樣做。當
這些計算做出來時，便會發現，對於上面所假定的尺寸，算出的共
振頻率確實很接近在 3300 MHz 處觀察到的共振頻率。

經由相似的一些計算還能夠證明，應該還有另一個模態，其共
振頻率為我們已找到、接近 3800 MHz 的那個頻率。對於這一模
態，電場與磁場如圖 23-14 所示。電場不會費心直直穿越空腔；它
從側壁跑至兩端，如圖所示。

那麼你現在大概會相信，若將頻率增加得愈來愈高，我們應該
預期會找到愈來愈多的共振。存在許多不同的模態，每一個都具有
與電場與磁場的某一特定複雜布局相對應的不同共振頻率。這些場
布局中的每一者稱為共振波**模態**（resonant mode）。通過求解空腔內
的電場與磁場的馬克士威方程組，就可以計算出每一種模態的共振
頻率。

當有了在某個特定頻率處的共振時，我們怎樣才能知道受激發
的是哪一模態呢？一種方法是，通過一個小洞將一根小導線插進空
腔裡。倘若電場沿著導線方向，如圖 23-15(a) 所示，則導線中便有

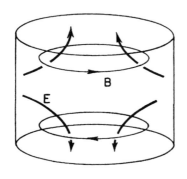

<u>圖 23-14</u>　柱形空腔的另一種模態

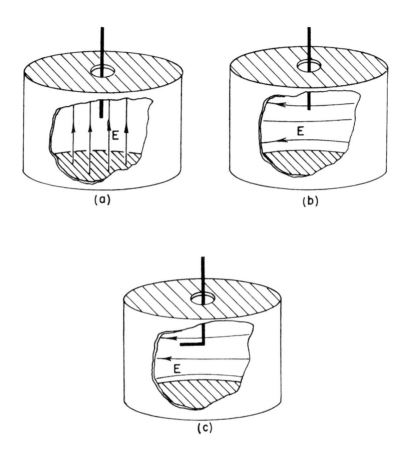

<u>圖 23-15</u>　伸入空腔的短金屬線，當平行於 *E* 時，對共振的干擾比起與
　　　　　 E 垂直時要大得多。

一個相對較大的電流從電場汲去能量。若電場像圖 23-15(b) 所示的
那樣，則導線會有一個小得多的效應。經由把導線的末端彎曲，像
圖 23-15(c) 那樣，我們可以找出這種模態中場所指的方向。於是，
當我們轉動導線使其末端與 *E* 平行時效應便大，而當轉動至與 *E* 成
90° 時效應就小。

23-5 空腔與共振電路

儘管我們已經描述的共振腔，似乎與通常含有電感與電容的那種共振電路相當不同，但這兩種共振系統還是緊密相關的。它們都是同一家族的成員，恰好就是電磁共振的兩個極端情況——有許多中間情況介於這兩個極端之間。假設我們從考慮一個電容與一個電感並聯的共振電路開始，如圖 23-16(a) 所示。這一電路將在 $\omega_0 = 1/\sqrt{LC}$ 的頻率上發生共振。假若希望提高這一電路的共振頻率，我們可經由降低電感 L 來做到。

一種方法是減少線圈中的匝數。但是，在此方向上我們只能走到這一步；最後將達到只有一匝，就是連接電容器的頂板和底板間的那一根導線。我們本來還可以經由降低電容而將共振頻率提得更高；然而，我們也可以經由將幾個電感並聯而繼續降低電感。當兩個單匝電感並聯時，就只有每匝電感的一半，所以當電感已減至僅有一匝時，我們仍可藉由添加其他一些連接電容器頂板和底板間的單個迴路，來繼續提高共振頻率。例如，圖 23-16(b) 表明電容器兩板間是由六個這樣的「單匝電感」連接的。假若我們繼續增加許多這種導線段，則可能會過渡到一個完全封閉的共振系統，如圖 23-16(c) 所示。那是一個柱形對稱物體的截面。現在我們的電感是一個連接至電容器兩板邊緣的柱形空罐。電場與磁場顯示在該圖中。當然，這樣的物體就是一個共振腔，稱為「加感」空腔（"loaded" cavity）。但我們仍然可以將它看成一個 L-C 電路，其中電容部分是我們能夠在那裡找到大多數電場的地方，而電感部分則是能找到大多數磁場的地方。

假若要進一步提高圖 23-16(c) 的共振器頻率，我們可以經由繼

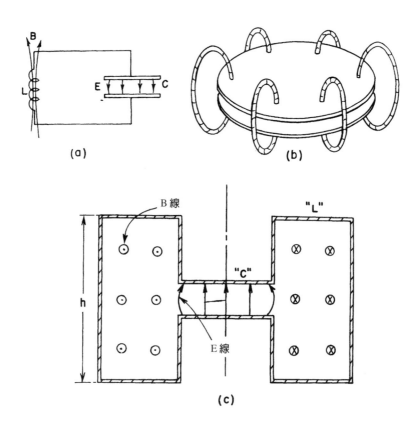

圖 23-16　共振頻率逐漸提高的各種共振器

續降低電感 L 而做到。要做到這一點，必須減小電感的幾何尺寸，
比方說縮小圖中的高度 h。當 h 縮小時，共振頻率將會提高。當然
最後會達到這種情況：其中高度 h 正好等於電容器兩板的間距。此
時，我們就剛好有一個柱形罐，共振電路變成圖 23-7 的空腔共振
器。

　　你將會注意到，在圖 23-16 那個原來的 L-C 共振電路中，電場
和磁場分得很開。當我們逐漸修改共振系統，以便使其頻率逐步提

高時，磁場就會愈來愈靠近電場，直到兩者在空腔共振器中完全混合。

　　儘管我們在這一章中談論的空腔共振器都是柱形罐，但圓柱這個形狀卻沒有什麼神祕之處。任何形狀的罐子都會有對應於電場與磁場的各種可能振動模態的共振頻率。例如，圖 23-17 所示的那個「空腔」就會有它自己特定的一組共振頻率 —— 雖然要算出這些頻率是相當困難的。

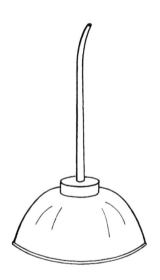

圖 23-17　另一種共振腔

第24章

波 導

24-1　傳輸線

　　上一章，我們學習過電路的總集元件在非常高的頻率工作時所發生的情況，從而看出一個共振電路可由場在其中共振的空腔來替代。另一個有趣的技術問題是，將兩個物體連接起來，使得電磁能量可以在它們之間傳輸。在低頻電路中，這種連接是由導線完成的，但這種方法在高頻時並不怎麼有效；因爲這種電路會將能量輻射到周圍的整個空間中去，因而難以控制能量的去向。場將在導線周圍發散出去；電流與電壓不可能受導線很好的「引導」。在這一章中，我們要來考察在高頻時物體可互相連接的方法。至少，這是介紹我們的主題的一種方式。

　　另一種說法是，我們已討論了在自由空間中波的行爲。現在正是時候，我們來看看當振盪場局限在一維或多維的空間裡所發生的情況。我們將發現一些有趣的新現象，當場只在二個維度上受到限制、並允許在第三維自由通過時，它們將以波的形式傳播出去。這些就是「導波」（guided wave）──本章的主題。

　　我們由研究**傳輸線**（transmission line）的普遍理論著手。那些在鄉間從一座鐵塔到另一座鐵塔的輸電線會輻射出一些功率，但電源的頻率（50-60 赫茲）是如此之低，以致於這種損失並不嚴重。這種輻射可以用金屬套管包圍導線而加以防止，但這一方法對於電力傳輸線來說並不實際，因爲所用的電壓與電流勢必需要一條十分粗重而又昂貴的套管。因此常用的，還是簡易的「明線」（open line）。

　　對於較高一些的頻率，比方說幾千赫茲，輻射可能已變得嚴重。然而，它還是可以採用諸如在短程電話接線中所用的那種「雙絞線」來降低的。但是，在更高頻率時，輻射立刻變得難以忍受；

這或是由於功率損失，或是由於能量在不需要它出現的其他電路中出現了。對於從幾千赫茲起至幾億赫茲的頻率，電磁訊號與功率往往採用在筒形「外導體」或「屏蔽物」之內含有一根導線的那種同軸線來傳輸。雖然下述處理方法適用於兩個互相平行的任何形狀的導體構成的傳輸線，但我們將只對一根同軸線進行推導。

我們取一條最簡單的同軸線，在其中心處有一個薄中空圓筒形導體，外部有與這一內導體同軸的另外一個導體，它也是一個薄筒，如圖 24-1 所示。一開始我們用近似方法算出該同軸線在相對低頻時的工作情況。早先當我們談到這樣的兩導體具有確定的單位長度電感或電容時，就已經描述過某些低頻行為。

事實上，我們可以經由給出任何一根傳輸線的單位長度電感 L_0 和電容 C_0，而描述其低頻行為。於是，我們就可以將該線當作第 22-6 節中曾討論過的那種 L-C 濾波器的極限情況，而加以分析。經採用一些小串聯元件 $L_0 \Delta x$ 和一些小並聯元件 $C_0 \Delta x$（其中 Δx 是該線中的長度元素），我們可以造出一個模擬傳輸線的濾波器。利用無限長濾波器的結果，我們可以看到電場的訊號會沿著該線傳輸。然而，我們現在並不想遵循這一途徑，而寧願從微分方程的角度來考察該線。

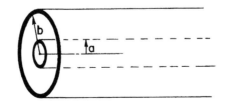

圖 24-1　一條同軸傳輸線

假設我們要看看沿傳輸線的相鄰兩點、比方說距離線的開端為 x 和 $x + \Delta x$ 兩點間發生的事情。讓我們將這兩導體間的電位差稱為 $V(x)$，而沿那根「熱」導體的電流稱為 $I(x)$（見圖 24-2）。假若導線中的電流正在變化，則電感將提供我們跨越 x 至 $x + \Delta x$ 那一小段導線間的電壓降為

$$\Delta V = V(x + \Delta x) - V(x) = -L_0 \Delta x \frac{dI}{dt}$$

或者，取 $\Delta x \to 0$ 的極限，我們得到

$$\frac{\partial V}{\partial x} = -L_0 \frac{\partial I}{\partial t} \tag{24.1}$$

這表明變化中的電流產生了電壓的梯度。

再參考這個圖，若在 x 處的電壓正在變化，則必定有某些電荷提供給該區域裡的電容。假若我們取從 x 至 $x + \Delta x$ 那一小線段，則其上的電荷為 $q = C_0 \Delta x V$。這一電荷的時間變化為 $C_0 \Delta x \, dV/dt$，但只有在流入該長度元素的電流 $I(x)$ 不等於從該長度元素流出的電流 $I(x + \Delta)$ 時，電荷才會改變。將這一電流差稱為 ΔI，我們有

$$\Delta I = -C_0 \Delta x \frac{dV}{dt}$$

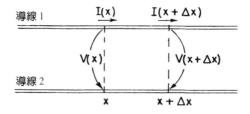

圖 24-2　傳輸線的電流與電壓

若取 $\Delta x \to 0$ 的極限，可得

$$\frac{\partial I}{\partial x} = -C_0 \frac{\partial V}{\partial t} \qquad (24.2)$$

因此，電荷守恆意味著電流梯度正比於電壓的時間變化率。

於是，(24.1) 和 (24.2) 式就是傳輸線的基本方程式。倘若我們樂意，可以將它們修改，以包括導體中的電阻效應或電荷經由導體之間絕緣體的滲漏現象，但對於眼前的討論來說，我們將只停留在這個簡單例子上。

上述兩個傳輸線方程式，經由對其中一個取 t 的導數，而對另一個取 x 的導數，再消去 V 或 I，可將它們結合起來。於是，我們就有

$$\frac{\partial^2 V}{\partial x^2} = C_0 L_0 \frac{\partial^2 V}{\partial t^2} \qquad (24.3)$$

或者是

$$\frac{\partial^2 I}{\partial x^2} = C_0 L_0 \frac{\partial^2 I}{\partial t^2} \qquad (24.4)$$

由此我們再次認識到它們是在 x 方向上的波動方程式。對一條均勻的傳輸線來說，電壓（和電流）做為波，而沿該線傳播。沿線電壓必然會取 $V(x, t) = f(x - vt)$、或 $V(x, t) = g(x + vt)$、或兩者之和的形式。那麼速度 v 是什麼呢？我們知道 $\partial^2/\partial t^2$ 的係數恰好是 $1/v^2$，因而

$$v = \frac{1}{\sqrt{L_0 C_0}} \qquad (24.5)$$

我們將留給大家去證明：線裡**每一個波**的電壓，總是正比於那個波的電流，而比例常數剛好等於特性阻抗 z_0。對於沿正 x 方向行進的波，分別稱其電壓與電流為 V_+ 和 I_+，則你應得到

$$V_+ \; = \; z_0 I_+ \qquad (24.6)$$

同理，對於一個往負 x 方向的波，其關係爲

$$V_- \; = \; z_0 I_-$$

正如我們過去從濾波器方程式找到的那樣，特性阻抗由下式給出：

$$z_0 \; = \; \sqrt{\frac{L_0}{C_0}} \qquad (24.7)$$

所以是一個純電阻。

爲求得一條傳輸線的傳播速率 v 及其特性阻抗 z_0，我們必須知道單位長度的電感與電容。對於一條同軸電纜來說，我們可輕易將它們算出來，因而可知道在那種情況下，事情到底怎麼樣。對於電感，根據第 17-8 節的那些概念，並設 $\frac{1}{2}LI^2$ 等於磁能，而磁能可將 $\epsilon_0 c^2 B^2/2$ 對整個體積進行積分而得到。假定該中心導體載有電流 I；那麼我們知道 $B = I/2\pi\epsilon_0 c^2 r$，其中 r 爲離軸的距離。取一厚度爲 dr、而長度爲 l 的柱形殼做爲體積元素，則對於磁能我們有

$$U \; = \; \frac{\epsilon_0 c^2}{2} \int_a^b \left(\frac{I}{2\pi\epsilon_0 c^2 r} \right)^2 l 2\pi r \, dr$$

式中 a 和 b 分別代表內外兩導體的半徑。算出以上積分，我們得到

$$U \; = \; \frac{I^2 l}{4\pi\epsilon_0 c^2} \ln \frac{b}{a} \qquad (24.8)$$

令這一能量等於 $\frac{1}{2}LI^2$，可求出

$$L \; = \; \frac{l}{2\pi\epsilon_0 c^2} \ln \frac{b}{a} \qquad (24.9)$$

正如所推測的那樣，它與線的長度 l 成正比，因而單位長度的電感

L_0 就是

$$L_0 = \frac{\ln(b/a)}{2\pi\epsilon_0 c^2} \qquad (24.10)$$

我們曾算出在一圓柱形電容器上的電荷（見第 12-2 節）。現在將該電荷除以電位差，我們得到

$$C = \frac{2\pi\epsilon_0 l}{\ln(b/a)}$$

因而單位長度的電容 C_0 為 C/l。將此結果與 (24.10) 式相結合，我們看到乘積 $L_0 C_0$ 恰好等於 $1/c^2$，因而 $v = 1/\sqrt{L_0 C_0}$ 即等於 c。波以光速沿線向下傳播。必須指出，這一結果有賴於我們所做的如下假定：(a) 在兩導體之間的空間內，並不存在介電質或磁性材料，以及 (b) 電流全都是在導體表面上通過的（對理想導體理應如此）。我們以後還將見到，對於良導體，當頻率高時，一切電流將像理想導體那樣都分布於其表面上，因此這個假定是適用的。

眼下有趣的是，只要 (a) 和 (b) 兩假設正確，則對於**任一**對平行導體，甚至是，比方說，一根六角形內導體放置在一根橢圓形外導體中的任何地方，乘積 $L_0 C_0$ 都等於 $1/c^2$。只要截面固定不變，而且兩導體之間的空間內沒有材料，則波以光速傳播。

特性阻抗就無法做出這樣的普遍表述。對於一根同軸線來說，它是

$$z_0 = \frac{\ln(b/a)}{2\pi\epsilon_0 c} \qquad (24.11)$$

式中因子 $1/\epsilon_0 c$ 具有電阻的因次，並等於 120π 歐姆。幾何因子 $\ln(b/a)$ 僅以對數的形式依賴於同軸線的幾何尺寸，因而就同軸線，和大多數傳輸導線而言，這特性阻抗具有從 50 歐姆至幾百歐姆左右的典型值。

24-2 矩形波導

我們將要談及的下一個主題，初看起來，似乎是一種令人驚訝的現象：假若從同軸線中抽去中心導體，它仍然能夠運載電磁功率。換句話說，在足夠高的頻率時，一根空管子將運作得如同導線那般好。這與一種神祕的方法有關，即在高頻時由電容器和電感器構成的共振電路只能由一個空盒來代替。

儘管當人們將一條傳輸線當作一種分布式的電感和電容來思考時，或許是一件引人矚目之事，但大家都清楚，電磁波可以沿一條中空的金屬管道內部通過。假若該管道是筆直的，則我們可以通過它**看到**東西！因而電磁波肯定是會通過管子的。但我們也知道，不可能使低頻波（電力或電話）從單一金屬管的內部通過。因此必然是：若電磁波的波長足夠短，則可以從其中通過。因而我們要來討論某一給定大小的管子能夠從其中通過的最長波長（或最低頻率）的極限情況。由於這時管子是用來載波的，所以它稱為**波導**（wave-guide）。

我們將從一矩形管開始，因為它是待分析的最簡單情況。我們首先將給出一種數學處理，以後再回過頭來用一種更加基本的方法來考察這個問題。然而，這個較基本的方法只能輕易運用在矩形波導上。對於任意形狀的一般波導，基本現象都相同，所以從根本上來說數學論證更為可靠。

這樣，我們的問題就是，要找出在矩形管中哪一種波才可以存在。首先選取某些方便的座標；我們選取 z 軸沿管長方向，而 x 和 y 軸則平行於管的兩個側面，如圖 24-3 所示。

我們知道，當光波沿著管道往下傳播時，它們有一橫向電場；

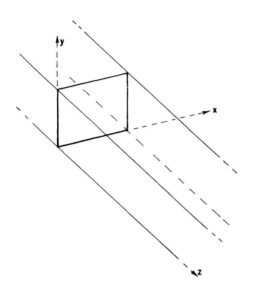

<u>圖 24-3</u>　對矩形波導所選取的座標

因此，假定我們先來尋找 E 垂直於 z（比如說只有一 y 分量 E_y）的那一種解。這一電場在橫跨該導管時會有某種變化；事實上，在平行於 y 軸的兩側壁處，電場必須爲零，因爲在一導體中的電流與電荷始終會調整自己，使得在導體表面上不會有切向的電場分量。因此 E_y 就將隨 x 以某一拱形變化，如圖 24-4 所示。也許它就是我們對空腔所找到的那種貝色函數？不，因爲貝色函數必須是與柱形幾何有關的。對於矩形這種幾何形狀來說，波通常是簡諧函數，因而我們應該嘗試某種像 $\sin k_x x$ 那樣的東西。

既然我們要的是沿波導往下傳播的波，那就應該期望，當沿 z 方向行進時，場會在正值與負值之間反覆變化，如圖 24-5 所示，而這些振盪又將以某一速度 v 沿著波導傳播。若我們有具某個確定頻

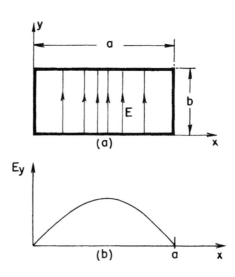

圖 24-4　在波導中，某一個 z 值處的電場。

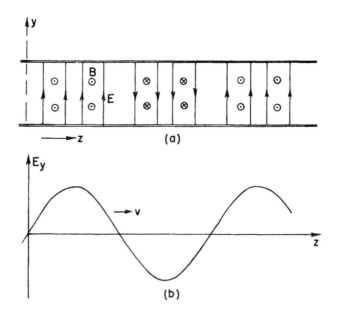

圖 24-5　波導中的電場與 z 值的依賴關係

率 ω 的振動，則會猜測該波隨 z 的變化也許會像 $\cos(\omega t - k_z z)$，或者採用更方便的數學形式，則像 $e^{i(\omega t - k_z z)}$ 那樣。這一種與 z 的依存關係，表示以速率 $v = \omega / k_z$ 傳播的波（見第 I 卷第 29 章）。

因此，我們也許會猜測，導管裡的波可能具有如下數學形式：

$$E_y = E_0 \sin k_x x e^{i(\omega t - k_z z)} \tag{24.12}$$

讓我們來看看這一猜測是否滿足正確的場方程式。首先，電場在導體處不應該有切向分量。我們的場滿足這一要求；它垂直於正面和底面，且在兩側面上為零。噢，若選取 k_x 使得 $\sin k_x x$ 的半週恰好與導管的寬度相符——也就是只要

$$k_x a = \pi \tag{24.13}$$

就可使側面處的電場為零。還存在其他可能性，比如 $k_x a = 2\pi$、3π ……，或一般說來

$$k_x a = n\pi \tag{24.14}$$

其中 n 是任一整數。這些就代表場的各種複雜布局，但在目前讓我們只考慮最簡單的情況，即 $k_x = \pi/a$，其中 a 為導管內部的寬度。

其次，導管內部的自由空間裡 E 的散度必須為零，因為那裡並沒有電荷。E 只有一個 y 分量，而這一分量並不會隨 y 變化，因而的確有 $\nabla \cdot E = 0$。

最後，在導管內部的自由空間裡，電場必須與其餘的馬克士威方程式都一致。這與它必須滿足下列波方程式是同一回事：

$$\frac{\partial^2 E_y}{\partial x^2} + \frac{\partial^2 E_y}{\partial y^2} + \frac{\partial^2 E_y}{\partial z^2} - \frac{1}{c^2} \frac{\partial^2 E_y}{\partial t^2} = 0 \tag{24.15}$$

我們得看看我們的猜測，即 (24.12) 式是否成立。E_y 對 x 的二階導

數正好是 $-k_x^2 E_y$，對 y 的二階導數則為零，因為沒有東西依賴於 y。對 z 的二階導數為 $-k_z^2 E_y$，而對 t 的二階導數則為 $-\omega^2 E_y$。於是，(24.15) 式表明

$$k_x^2 E_y + k_z^2 E_y - \frac{\omega^2}{c^2} E_y = 0$$

除非 E_y 處處為零（這並非十分有意義），否則只有下式

$$k_x^2 + k_z^2 - \frac{\omega^2}{c^2} = 0 \tag{24.16}$$

是正確的。我們已經確定了 k_x，因而這個方程式就告訴我們，只要 k_z 與頻率 ω 之間的關係使 (24.16) 式得到滿足——換句話說，只要

$$k_z = \sqrt{(\omega^2/c^2) - (\pi^2/a^2)} \tag{24.17}$$

就可能有上面所假設的那種類型的波。我們剛才所描述的波，以這個 k_z 值在 z 方向傳播。

對於給定的 ω 值，由 (24.17) 式得到的波數 k_z，告訴我們波節沿波導往下傳播的速率。這個相速度（phase velocity）是

$$v = \frac{\omega}{k_z} \tag{24.18}$$

你會記得，行進波的波長 λ，是由 $\lambda = 2\pi v/\omega$ 給出的，因而 k_z 也就等於 $2\pi/\lambda_g$，其中 λ_g 是沿 z 方向的振盪波長——即「波導內波長」（guide wavelength）。當然，波導內波長與自由空間裡的同頻率電磁波波長是不同的。若我們把等於 $2\pi c/\omega$ 的自由空間波長稱為 λ_0，則可將 (24.17) 式寫成

$$\lambda_g = \frac{\lambda_0}{\sqrt{1 - (\lambda_0/2a)^2}} \tag{24.19}$$

除了電場之外,還有磁場也會隨波傳播,但眼前我們並不操心去算出磁場的那個表示式。由於 $c^2 \nabla \times \boldsymbol{B} = \partial \boldsymbol{E}/\partial t$,所以 $\boldsymbol{B}$ 線將圍繞那些 $\partial \boldsymbol{E}/\partial t$ 值最大的區域旋轉,也就是說,$\boldsymbol{B}$ 線將圍繞 $\boldsymbol{E}$ 的最大點與最小點中間的區域旋轉。$\boldsymbol{B}$ 的迴路將平行於 xz 平面,並位於 $\boldsymbol{E}$ 的峰與谷之間,如圖 24-6 所示。

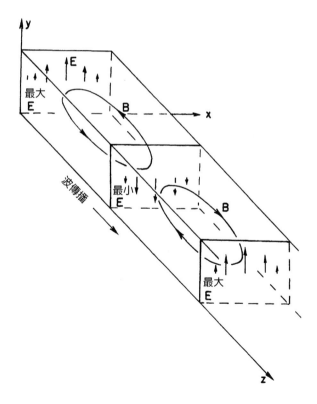

圖 24-6　波導中的磁場

24-3 截止頻率

在解(24.16)式以求得 k_z 時，實際應有兩個根——一個爲正，一個爲負。我們應該寫成

$$k_z = \pm \sqrt{(\omega^2/c^2) - (\pi^2/a^2)} \qquad (24.20)$$

正負號只是意味著，可能有以負的相速度（朝向 $-z$）傳播的波，同樣在導管中也有沿正向傳播的波。自然，波沿任一方向傳播都是可能的。由於這兩種類型的波可以同時存在，所以就會有駐波解的可能性。

關於 k_z 的方程式也告訴我們，較高的頻率會給出較大的 k_z 值，因而也就是較短的波長，一直到 ω 取大的極限時， k 變得等於 ω/c，它就是我們對自由空間裡的波所預期的值。我們通過管子所「看到」的光，仍然以速率 c 行進。但此時應注意，若頻率下降，則某些怪事會跟著發生。

起初波長會變得愈來愈大，但若 ω 降得太小，則(24.20)式中的平方根內的量突然變負。一旦 ω 變爲小於 $\pi c/a$——或當 λ_0 變得大於 $2a$ 時，上述情況就會發生。換句話說，當頻率變成低於某一臨界頻率 $\omega_c = \pi c/a$ 時，波數 k_z（從而 λ_g）會變成虛數，因而我們不再得到任何解了。或者我們還是可以得到解？誰說 k_z 必須是實數呢？若確實出現虛數，該怎麼辦呢？我們的場方程式仍舊被滿足。或許一個虛數 k_z 也代表一個波。

假設 ω 小於 ω_c；則我們可寫成

$$k_z = \pm ik' \qquad (24.21)$$

其中 k' 是一個正實數：

$$k' = \sqrt{(\pi^2/a^2) - (\omega^2/c^2)} \qquad (24.22)$$

假若我們現在回到 E_y 的式子 (24.12)，則有

$$E_y = E_0 \sin k_x x e^{i(\omega t \mp ik'z)} \qquad (24.23)$$

這也可以寫成

$$E_y = E_0 \sin k_x x e^{\pm k'z} e^{i\omega t} \qquad (24.24)$$

上述式子給出了一個 E 場，這個場隨時間、以 $e^{i\omega t}$ 振盪，但卻隨 z、以 $e^{\pm k'z}$ 變化。該場做為一實指數函數，隨 z 平滑的減少或增加。在我們的推導中並未對發出波的源有所操心，不過一定有一個源存在於導管中某處。伴隨 k' 的正負號，必定是使場隨著離波源的距離增大而減小的那個正負號。

因此，對於比 $\omega_c = \pi c/a$ 低的頻率，波並**不會**沿導管往下傳播；該振盪場能夠透入導管內的距離，只達 $1/k'$ 的數量級。為此，ω_c 稱做導管的「截止頻率」。考察 (24.22) 式可知，在頻率僅稍低於 ω_c 時，k' 是很小的數值，因而場可透入導管內很大的距離。但若 ω 比 ω_c 小很多，則指數係數 k' 等於 π/a，且場非常迅速的減弱，如圖 24-7 所示。在距離等於 a/π 或在約三分之一寬度的距離內，場減弱至 $1/e$。場從源出來後，只透入非常短的距離。

我們想要強調對導波所作分析中的一個有趣特點——即虛波數 k_z 的出現。按正常情況，若求解物理學的一個方程式，並獲得一個虛數，則它不具有任何物理意義。然而，對於**波**來說，虛波數**確實**意味著某種東西。波動方程式仍被滿足；虛波數只是意味著，解答給出了一個按指數形式衰減的場，而不是一個傳播中的波。因此在

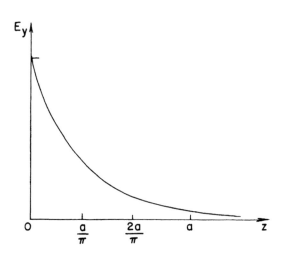

圖 24-7　對於 $\omega \ll \omega_c$，E_y 隨 z 的變化關係。

任一個波動問題中，若對於某一頻率 k 會變成虛數，這就意味著波的形式改變了 —— 正弦波變成了按指數形式衰減的場。

24-4 導波的速率

我們在上面所用的波速是相速度，即波節的速率；它是頻率的函數。若我們結合 (24.17) 和 (24.18) 式，則可寫出

$$v_{相} = \frac{c}{\sqrt{1 - (\omega_c/\omega)^2}} \tag{24.25}$$

對於比截止頻率爲高的頻率，其中存在行進波，ω_c/ω 小於 1，而 $v_{相}$ 爲實數，且會**大於**光速。我們曾在第 I 卷第 48 章中見到，**相速度大於光速是可能的**，因爲那不過是波節在運動，而不是能量或訊

息在運動。為了知道**訊號**傳播得多快，我們必須算出由一個波與另一個或更多個頻率稍微不同的波互相干涉而形成的脈衝或調制波的速率（見第 I 卷第 48 章）。我們已將這樣一群波的包絡速率（speed of the envelope）稱為群速度（group velocity）；群速度不等於 ω/k，而是 $d\omega/dk$：

$$v_{群} = \frac{d\omega}{dk} \qquad (24.26)$$

取 (24.17) 式對 ω 的導數，並顛倒過來，以獲得 $d\omega/dk$，我們發現

$$v_{群} = c\sqrt{1 - (\omega_c/\omega)^2} \qquad (24.27)$$

群速度比光速要小。

$v_{相}$ 與 $v_{群}$ 的幾何平均恰好就是 c，亦即光速：

$$v_{相}v_{群} = c^2 \qquad (24.28)$$

這很奇怪，因為我們已在量子力學中見過相似的關係式。對於具有任意速度，即便是相對論性的粒子，其動量 p 與能量 U 有以下的關係：

$$U^2 = p^2c^2 + m^2c^4 \qquad (24.29)$$

但在量子力學中，能量為 $\hbar\omega$，而動量為 $\hbar/\lambda$，也就是等於 $\hbar k$；因而 (24.29) 式便可寫成

$$\frac{\omega^2}{c^2} = k^2 + \frac{m^2c^2}{\hbar^2} \qquad (24.30)$$

或

$$k = \sqrt{(\omega^2/c^2) - (m^2c^2/\hbar^2)} \qquad (24.31)$$

這看起來非常像(24.17)式……眞有趣！

　　波的群速度，也就是能量沿導管傳輸的速率。若我們想要求出能量沿波導傳送的能量流，則可以從能量密度乘以群速度而得到。設電場的方均根值爲 E_0，則電場能量的平均密度爲 $\epsilon_0 E_0^2 / 2$。也有一些能量是與磁場相聯繫的。我們將不在這裡來證明，但在任一個空腔或導管中，磁能與電能始終相等，因而總電磁能量密度爲 $\epsilon_0 E_0^2$。於是，由導管傳輸的功率 dU/dt 爲

$$\frac{dU}{dt} = \epsilon_0 E_0^2 a b v_{群} \qquad (24.32)$$

（我們以後將看到另一個更普遍的方法，可以讓我們獲得能量流。）

24-5 觀測導波

　　能量可以借助某種「天線」耦合到波導中。例如，用一根小小的垂直導線或「短線」（stub）就可以。導波的存在可以用一小接收「天線」（仍可以是一根小短線或一個小迴路）來拾取某些電磁能而加以觀測。在圖 24-8 中，我們展示了切開一部分側壁的波導管，以表明它裝有一根驅動短線和一個拾波「探頭」。該驅動短線可以經由同軸電纜連接至訊號產生器，而拾波探頭則可由一根相似的電纜連接至一檢波器。將拾波探頭經由一細長狹槽插入導管之內，往往較方便，如圖 24-8 所示。這樣，探頭就可以沿著導管來回移動，以便在不同位置對場取樣。

　　若訊號產生器給調至某個頻率 ω，這個頻率大於截止頻率 ω_c 時，就會有波從該驅動短線出發，沿導管往下傳播。若導管無限長，則這些波將是唯一存在的波；我們可仔細設計一個吸收器，使導管不致從遠端發生反射而終止導管，就可有效的將它設置成爲一

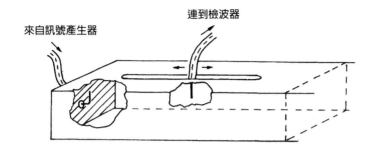

來自訊號產生器　　　　　連到檢波器

圖 24-8　裝配有驅動短線和拾波探頭的波導管

　　無限長的導管。這樣，由於檢波器所測量的是在探頭附近的時間平均值，所以它將檢測到與導管位置無關的訊號，這訊號的輸出將與被傳遞的功率成正比。

　　假若現在導管的遠端以某種方式封閉起來，因而產生一個反射波（我們舉一個極端的例子，假定用一塊金屬板來封閉導管），則除了原來的前進波之外，還將有一個反射波。這兩個波將互相干涉，並在導管內產生駐波，與我們在第 I 卷第 49 章中討論過的那種弦上的駐波相似。於是，當拾波探頭沿線移動時，檢波器的讀數將有週期性的升降，在駐波的每一個波腹處，場讀數顯示為最大，而在每一個波節處場為最小。相鄰兩波節點（或波腹點）間的距離恰為 $\lambda_g/2$。這提供了一個測量導管內波長的方便辦法。現在若頻率移至更接近 ω_c 處，則兩節點間的距離將增長，這表明波導內波長是按照 (24.19) 式所預言的而增長了。

　　假設現在訊號產生器被調至稍微低於 ω_c 的一個頻率。那麼，當拾波探頭沿導管往下移動時，檢波器的輸出便將逐漸減弱。若頻率調至更低，場強將按照圖 24-7 的曲線迅速下降，因而表明波不再傳播出去了。

24-6　波導銜接

　　波導的一種重要實際應用，就是對於高頻功率的傳輸，比如將一個高頻振盪器或一部雷達裝置中的輸出放大器耦合至一根天線。事實上，天線本身往往包括一個拋物面反射鏡，由一個在末端張開成「喇叭口」形狀的波導，把沿導管而來的波輻射出去，並投到反射鏡的焦點上。

　　儘管高頻電磁波可以經由同軸電纜傳輸，但對於傳輸大量功率，波導較為優越。首先，可以沿一條纜線傳輸的最大功率，受到導體間的絕緣材料（固體或氣體）不可能崩潰（breakdown）的限制。對於給定的功率量，在一導管內的場強往往比同軸電纜內的弱，因而在崩潰發生之前，可在其中傳送較大的功率。其次，同軸電纜中的功率損耗往往比在波導管內的大。在同軸電纜內必須有用以支撐中心導體的絕緣材料，而在這一材料中便有能量損耗 —— 特別是在高頻上。並且，同軸電纜中心導體上的電流密度很高，而由於損耗是隨電流密度的**平方**增大的，因此出現在導管壁上的較低電流將導致較小的能量損耗。為確保損耗最小，導管內壁往往電鍍以一種高導電率材料，比如銀。

　　將「電路」與波導連接，這個問題與在低頻時相應的電路問題相當不一樣，這種連接常稱為微波「銜接」（microwave "plumbing"）。為此目的，已發展出許多特殊裝置。

　　例如，兩節波導往往是經由凸緣接頭互相連接的，這可由圖24-9看出。然而，像這樣的連接會導致嚴重的能量損耗，因為表面電流必然會流經接口，而那裡可能有相對高的電阻。為避免這種損耗的一種辦法是，製造截面如圖24-10所示的那種凸緣接頭。在導

管的相鄰兩節間留下一點空隙,而在其中一個凸緣接頭的表面則刻有一條凹槽,以便造成如圖 23-16(c) 所示的那種小空腔。適當選取這個空腔的大小尺寸,使它能在所採用的頻率發生共振。這個共振

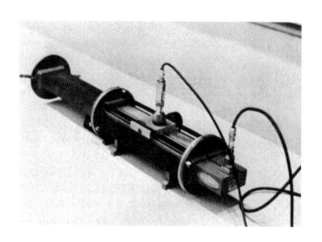

<u>圖 24-9</u>　幾段波導由凸緣接頭互相連接

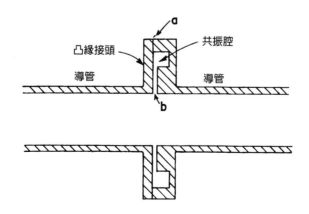

<u>圖 24-10</u>　兩節波導間的低損耗連接

腔對於電流會呈現高「阻抗」，因而只有相對小的電流會流經該金屬接口（圖 24-10 中的 a 處）。導管內的大電流只是對該空隙（圖中的 b 處）的「電容」充電及放電而已，因而那裡只有少量的能量損耗。

假設你想要以一種不會形成反射波的方式截斷一波導管。那麼，你就必須在其末端安置一種擬似無限長導管的東西。你需要有一個「終端」，它對於導管的作用，就像特性阻抗對於傳輸線的作用那樣，對於到達的波只吸收而不產生反射的一種東西。此時該導管將起著彷彿永遠接續下去的作用。像這樣的終端，是經由在該導管內放進某種經過精心設計的電阻材料的楔形物而製成的，用來吸收波的能量，且幾乎不產生任何反射波。

假若你想要把三件東西互相連接起來——例如，把一個源接至兩個不同的天線，那麼你可以用如圖 24-11 所示的那種 T 形波導來完成。由這個 T 形管中心截口供入的功率會分開、經由兩條側臂流

圖 24-11　T 形波導管（在凸緣接頭處配有塑膠端帽，當此 T 形波導不用時，仍然能夠保持內部的清潔。）

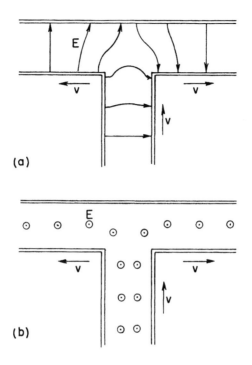

(a)

(b)

圖 24-12　在 T 形波導中，兩種可能的電場取向。

出（可能還有一些反射波）。從圖 24-12 的簡略圖示中，你可以大致
看出，當場到達輸入截口的末端時就會擴散開來，並形成電場，這
些電場會使波從兩臂開始傳播出去。在接合處的這些場，大致上如
圖 24-12(a) 或 (b) 所示，具體要視導管內的電場是與 T 形管的「頂」
平行、還是垂直而定。

　　最後，我們想要描述一種稱為「單向耦合器」（unidirectional
coupler）的裝置，對於在你已經連接好某個複雜的波導布局之後要
說出到底發生了什麼事，它非常有用。假設你想知道在波導的某一
特定截口處、波朝哪一個方向行進——例如，你或許正懷疑是否存

在一強反射波。若導管內的波是沿某一方向行進，這單向耦合器就會從中吸取一小部分能量；但若波是朝另一方向行進，則單向耦合器將無法取出任何功率。將這個耦合器的輸出連接至檢波器上，你就能夠測得導管中的「單向」功率。

圖 24-13 是單向耦合器的簡圖；沿著一段波導 AB 的一個面，焊接上另一段波導 CD。把波導 CD 彎開，以便有可以安置凸緣接口的地方。在將這兩個波導焊接在一起之前，要在每一波導上鑽通兩個（或更多個）洞（彼此互相配對），以便使主波導 AB 中的一些場，可耦合至副波導 CD 中去。每個洞起著小天線的作用，以致在副波導中產生出波來。

要是只有一個洞，波會從兩個方向傳送出，而且不管波在原導管中走哪個方向，情況都應該相同。但是當存在**兩個**洞，而且它們的間隔等於波導內波長的四分之一時，它們就會形成相位差 90° 的兩個源。我們在第 I 卷第 29 章中討論過，相距 λ/4、且在時間上的相位差為 90° 的兩根天線發出的波所引起的干涉，你是否還記得？我們發現，這兩個波在一個方向上相減，而在相反方向上則相加。

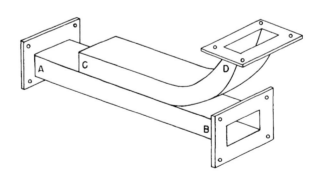

圖 24-13　單向耦合器

相同的事情也將在這裡發生。導管 CD 中所產生的波與在 AB 中的波會沿相同的方向行進。

假若在主導管中，波從 A 向 B 傳播，則在副導管的輸出口 D 處將會有一個波。若在主導管中的波是從 B 向 A 行進，則將有一個波朝副導管的 C 端行進。但這一端已裝配成一終端，因而波將被吸收，因而在耦合器的輸出口處就不存在波了。

24-7 波導模態

由我們選擇出來並加以分析的波，乃是場方程組的一個特解。此外還有許多其他的解；每個解稱為一種波導「模態」。例如，上面討論的場對 x 的依賴關係，恰好是正弦波的半週。還存在同樣好的具有全周的解，這時 E_y 隨 x 的變化將如圖 24-14 所示。這種模態的 k_x 是前一種的 2 倍，因而截止頻率將高得多。

並且，在我們已學習過的波中 E 只有 y 分量，但此外還有其他包含更複雜電場的模態。若電場只有 x 和 y 分量——因而總電場始終與 z 方向正交，則這種模態稱為「橫向電波」模（"transverse electric" mode；或 TE mode）。這種模態的磁場總會有一個 z 分量。事實證明，若 E 有一個 z 分量（沿傳播方向），則磁場始終只有橫向分量；因此這種場稱為「橫向磁波」模（"transverse magnetic" mode；或 TM mode）。

對一個矩形導管來說，比起上述那種簡單的 TE 模，所有其他模態都具有較高的截止頻率。因此，就有可能（而且也經常是）採用一個其中頻率只比這一最低波模態的截止頻率稍高、而比其他一切截止頻率都低的導管，以便只有這麼一種模態能夠傳播。不然的話，波的行為就會變得複雜，且難以控制了。

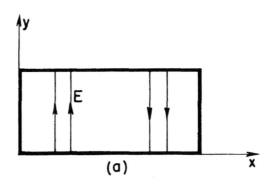

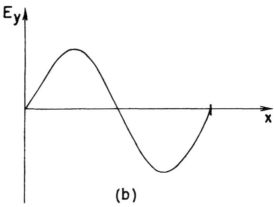

圖 24-14　另一種可能的 E_y 隨 x 的變化情形

24-8 另一種看待導波的方法

　　波導遇到比截止頻率 ω_c 低的那些頻率時，會使場迅速衰減，現在要讓大家來看看理解波導這種行為的另一種方法。這樣，對於波導在低頻和高頻間，行為之所以會突然變化，你將有更為「具體的」概念。對於一個矩形波導來說，利用導管壁上的反射或鏡像法

對場進行分析，我們便能夠做到這一點。然而，這種方法只對矩形波導有效，這就是為什麼我們要從更偏向數學的分析開始，因為原則上，數學分析對任何形狀的波導都適用。

對於我們已描述過的模態來說，垂直方向的尺寸大小（即 y 值）不會引起任何效應，因而可略去該導管的頂部和底部，並想像導管在垂直方向上延伸至無限遠。於是，我們可設想導管僅由兩片相距為 a 的垂直板子組成。

讓我們假定場源是一根放在導管中的垂直方向的導線，這根線中載有以頻率 ω 振盪的電流。不存在導管壁的情況下，這樣的導線會輻射出柱面波。

現在，考慮導管壁都是理想導體。這樣，如同在靜電學中那樣，若我們對於該導線的場，再加上一個或更多個適當的鏡像導線的場，則在壁面處的那些條件將是正確的。鏡像的概念在電動力學中和在靜電學中一樣好用，當然要把推遲效應也包括進去。我們都明白那是真的，因為我們經常見到鏡子會產生光源的像。而對於光頻波段的電磁波來說，一面鏡子正好是一塊「理想」導體。

現在讓我們取一個水平截面，如圖 24-15 所示，其中 W_1 和 W_2 是導管的兩個壁，而 S_0 則是那根源導線。我們稱這根導線內的電流方向為正。現在假如只有一面壁，比方說 W_1，我們可以將它移除，只要在那標明為 S_1 的地方放置一個（具有相反極性的）像源。但由於存在兩面壁，所以在壁 W_2 中也將有 S_0 的像，將其標明為像 S_2。這個像源也會在 W_1 中造成一個像，叫它做 S_3。現在 S_1 和 S_3 兩者都將在 W_2 中，標明為 S_4 和 S_6 的位置上各有其像，如此等等。

對於中間有一個源的兩個平面導體來說，其場與由排列成一條直線、彼此相隔各為 a 的無限多個源所產生的場相同。（這事實上就恰如你在觀察置於兩平行平面鏡中間的一根線時，所會**看到**的那

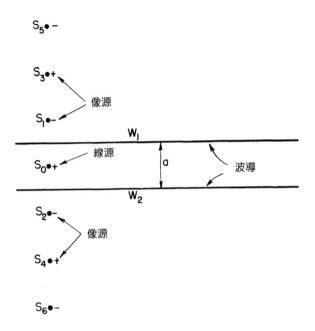

圖 24-15　放在兩面導體壁 W_1 和 W_2 之間的線源 S_0。此兩壁可以用一無窮序列的像源取代。

樣。）爲了使在兩壁處的場爲零，在像上的那些電流極性必須從一個像至下一個像交替改變。換句話說，它們以 180° 的相位差在振盪。於是，該波導場就恰好是這種無限多個線源產生的場的疊加。

我們知道，若我們靠近那些源，場就很像是不隨時間而變的靜場（static field）。我們在第 7-5 節中曾考慮過由一排網柵形線源所產生的靜場，並求得除了隨著與網柵的距離呈指數式遞減的那些項外，這個場好像一塊帶電平板產生的場。這裡的平均源強度爲零，因爲從一個源至下一個源的正負號交替改變。任何存在的場，都應該隨距離呈指數式減弱。在靠近源處，我們所見到的場，主要來自

最接近的源;在遠處,許多源都會做出貢獻,因而它們的平均效果便是零。因此,現在我們明白,為什麼在低於截止頻率時,波導會給出呈指數式衰減的場。特別是在低頻上,這靜態近似是很棒的,並且它預言了場會隨距離增大而迅速衰減。

現在,我們面臨一個相反的問題:波究竟為何會傳播呢?這正是神祕之所在!原因是:在高頻時,場的推遲效應會在相位上引進一個附加改變,使得來自那些異相源的場彼此相長,而非相消。事實上,正是為了這一問題,在第 I 卷第 29 章中,我們已學習過由天線陣列或光柵所產生的場。在那兒我們發現,當幾根無線電天線經過適當排列時,就能提供一種干涉圖樣,使得在某一方向有強訊號,而在另一方向則沒有訊號。

假設我們回到圖 24-15,並觀測從那一列像源到達遠處的場。只有在某些取決於頻率的方向,那些只有在來自一切源的場因同相而相加的方向上,場才是最強的。在與源有適當距離處,場在這些特殊方向上,才以平面波的形式傳播。我們在圖 24-16 中,對這一種波畫出了示意圖,其中實線代表波峰,而虛線則代表波谷。波的傳播方向將是這樣的一個方向,在這個方向上,兩相鄰源到波峰的推遲時差等於半個振動週期。換句話說,圖中的 r_2 與 r_0 之差是自由空間波長的一半:

$$r_2 - r_0 = \frac{\lambda_0}{2}$$

於是角度 θ 就由下式給出:

$$\sin \theta = \frac{\lambda_0}{2a} \qquad (24.33)$$

當然,還有另一組波以相對於該列線源對稱的角度向下傳播。整個波導場(不要太靠近源)就是這兩組波的疊加,如圖 24-17 所

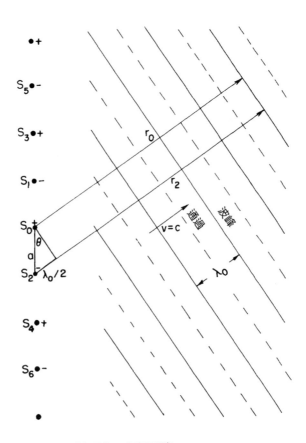

圖 24-16　來自一列線源的一組相干波

示。當然，只有在該波導的兩壁之間那實際的場，才眞的會是這樣。

　　比如在 A 和 C 那些點，兩種波形的峰重合，因而場就有一個最大值；比如在 B 那一類的點，兩波都在最低（負值）點，因而場會有一個最小值（最大負值）。當時間向前推移時，導管內的場會表現出以波長 λ_g（等於從 A 至 C 的距離）沿導管傳播。這一距離與 θ

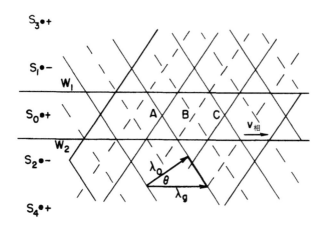

圖 24-17　波導場可以視為兩列平面波的疊加。

角的關係為

$$\cos \theta = \frac{\lambda_0}{\lambda_g} \tag{24.34}$$

利用 θ 的 (24.33) 式，我們得到

$$\lambda_g = \frac{\lambda_0}{\cos \theta} = \frac{\lambda_0}{\sqrt{1 - (\lambda_0/2a)^2}} \tag{24.35}$$

這恰好就是我們在 (24.19) 式已求得的。

　　現在我們明白了，為何只有在超過截止頻率 ω_0 時才會有波傳播。若自由空間波長大於 $2a$，則波不能在如圖 24-16 所示的那種角度出現。當 λ_0 降至 $2a$ 以下，或當 ω 升至 $\omega_0 = \pi c/a$ 以上時，所需的建設性干涉才會突然出現。

　　若頻率足夠高，則波將出現的方向就可能有兩個或更多個。假若 $\lambda_0 < \frac{2}{3} a$，則上述情況就會發生。然而，一般而言，這也可能發生在 $\lambda_0 < a$ 時。這些附加波，相當於我們提到過的那些較高的波導

模態。

　　透過上述分析，我們也弄清楚了爲何導波的相速度會大於 c，以及爲何這一速度會依賴於 ω。當 ω 改變時，圖 24-16 中的自由波的角度會跟著改變，從而沿導管的速度也改變了。

　　雖然我們已經將導波描述成無限多個線源的陣列之場的疊加，但你可以看出：只要設想有兩組自由空間的波，在兩面理想平面鏡之間不斷往復反射——記住反射意味著相位的反轉，我們便會得到這相同的結果。這些反射波組，除非剛好按照 (24.33) 所給出的那個角度 θ 在傳播，否則將彼此完全對消。考察同一事物，存在著許多方法。

第 **25** 章

按相對論性記法的
電動力學

25-1 四維向量

我們現在來討論狹義相對論在電動力學中的應用。由於我們曾在第 I 卷的第 15 至第 17 章中學習過狹義相對論，因而我們只需快速的溫習基本概念。

我們經由實驗發現：假若我們以等速運動，物理定律並不會改變。你無法道出自己是否位於一艘以等速沿直線運動的太空船內部，除非你眺望太空船的外部，或至少做一種與外界有關的觀測。我們寫下來的任何物理定律，都必須安排得使自然界的這一事實包含在內。

存在兩個座標系，其中一個 S' 系沿 x 方向、以速率 v 相對於另一個 S 系作等速運動，這兩個座標系彼此的空間與時間的關係，由**勞侖茲變換**給出：

$$t' = \frac{t - vx}{\sqrt{1 - v^2}}, \qquad y' = y$$

$$x' = \frac{x - vt}{\sqrt{1 - v^2}}, \qquad z' = z$$

(25.1)

在本章中：$c = 1$

請複習：第 I 卷第 15 章〈狹義相對論〉、第 I 卷第 16 章〈相對論性能量與動量〉、第 I 卷第 17 章〈時空〉、第 II 卷第 13 章〈靜磁學〉。

物理定律必須是這樣的：經勞侖茲變換後，定律的新形式看起來正好像其舊形式。這恰好與物理定律跟座標系的**取向**無關那條原理相似。在第 I 卷第 11 章中，我們曾見到，從數學上描寫物理規律的旋轉不變性的方法，是利用**向量**來寫出方程式。

例如，若有兩向量

$$A = (A_x, A_y, A_z) \qquad 和 \qquad B = (B_x, B_y, B_z)$$

我們曾發現其結合式

$$A \cdot B = A_x B_x + A_y B_y + A_z B_z$$

並不會改變，假使我們轉移到另一個旋轉過的座標系上的話。因此我們知道：若在一個方程式的兩邊都有像 $A \cdot B$ 這一類的純量積，則在所有旋轉後的座標系中，此方程式都會有完全相同的形式。我們也曾發現過這樣一個算符（請見第 2 章）

$$\nabla = \left(\frac{\partial}{\partial x}, \frac{\partial}{\partial y}, \frac{\partial}{\partial z} \right)$$

當它作用於一個純量函數時，會給出如同向量那樣變換的三個量。利用這一算符我們曾定義過梯度，而與其他向量結合時，也曾定義過散度和拉普拉斯算符。最後我們還發現：取兩向量某些分量的乘積並求和，將得到三個新的量，其行為像一個新的向量。我們稱之為兩向量的**外積**。利用算符 ∇ 來作外積，我們便可定義一個向量的旋度。

既然我們將時常回過頭去，參考在向量分析中所做過的事情，因此我們把三維中曾用過的所有重要向量運算的概要列在表 25-1 中。重點在於：必須將物理方程式寫成，在座標系旋轉時兩邊以同一方式變換。假如一邊是向量，則另一邊也必須是向量，以便當我

表 25-1　三維向量分析的重要量與算符

向量的定義	$A = (A_x, A_y, A_z)$
純量積	$A \cdot B$
微分向量算符	∇
梯度	$\nabla \varphi$
散度	$\nabla \cdot A$
拉普拉斯算符	$\nabla \cdot \nabla = \nabla^2$
外積	$A \times B$
旋度	$\nabla \times A$

們旋轉座標系時，方程式的兩邊將以完全相同的方式一起改變。同理，若一邊是純量，則另一邊也必須是純量，因而當我們旋轉座標系時，兩邊都不會改變，如此等等。

現在，在狹義相對論的情況下，時間和空間不可分割的混在一起，因而我們必須對四維做出類似的事情。我們希望我們的方程式不僅對於旋轉會保持不變，而且對於**任一個**慣性參考系也應如此。這意味著，方程式在 (25.1) 式的勞侖茲變換下應該是不變的。本章的目的，就是要向你們證明這是如何做到的。

然而，在開始之前，還要做一件事情，將使我們的工作輕鬆得多（且會減少某些混淆）。那就是要選取長度與時間單位，使得光速 c 等於 1。你可以想像，這相當於將時間單位設為**光行經 1 公尺長度所需的時間**（約為 3×10^{-9} 秒）。我們甚至可將此時間單位稱為「1 公尺」。採用此單位，一切方程式會更清楚的呈現出時空對稱性。並且，所有的 c 將會從我們的相對論性方程式中消失。（倘若這令你感到困擾，你總是可將每一個 t 代以 ct，或一般說來，加一個 c 在那些需要使方程式的因次表現得正確的地方，而把 c 放回到任一個方程式中去。）有了這個約定，我們就可開始工作。

　　我們的計畫是，要在四維時空中，做出一切從前用向量在三維中所做過的事情。這誠然是一場十分簡單的遊戲，我們只要用類比就可以了。唯一真正的複雜的地方，是在記法（在三維時已用盡了向量符號）上，以及正負號的些微更改。

　　首先，類比於三維中的向量，我們將**四維向量**（four-vector）定義為一組 a_t、a_x、a_y、a_z 四個量，當我們轉移到運動座標系時，這些量會像 t、x、y、z 那樣變換。我們使用幾種不同的符號來表示四維向量。我們會寫成 a_μ，這指一組四個數 (a_t, a_x, a_y, a_z) —— 換句話說，下標 μ 可取 t、x、y、z 四個「值」。有時用一個三維向量來標明三個空間分量，比如像 $(a_t, \boldsymbol{a})$，將會比較方便。

　　我們已經碰過一個四維向量，它包含一個粒子的能量與動量（第 I 卷第 17 章）。在我們的新記法中將它寫成

$$p_\mu = (E, \boldsymbol{p}) \tag{25.2}$$

這意味著，此四維向量 p_μ 是由粒子的能量 E 及其三維向量 $\boldsymbol{p}$ 的三個分量所構成。

　　看來似乎這場遊戲真的非常簡單 —— 對於物理學中的每一個三維向量，我們所需做的就是找出那一個餘下的分量該是什麼，從而就有四維向量了。為了弄清楚並不是這麼一回事，試考慮速度向量，它的分量為

$$v_x = \frac{dx}{dt}, \qquad v_y = \frac{dy}{dt}, \qquad v_z = \frac{dz}{dt}$$

問題如下：時間分量是什麼？憑直覺就應該能給出正確的答案。由於四維向量都像 t、x、y、z 那樣，我們會猜測時間分量是

$$v_t = \frac{dt}{dt} = 1$$

這是錯的。原因如下：當我們作勞侖茲變換時，每個分母中的 t 並非是不變量。要造成一個四維向量，那些分子都沒有問題，但各個分母中的 dt 卻把事情搞砸了；它並不是對稱的，因在兩個不同的座標系中會不一樣。

事實證明：只要除以 $\sqrt{1-v^2}$，上面所寫下的四個「速度」分量，就將成爲一個四維向量的分量。我們能夠看出這是真的，因爲假若我們從動量四維向量

$$p_\mu = (E, \boldsymbol{p}) = \left(\frac{m_0}{\sqrt{1-v^2}}, \frac{m_0\boldsymbol{v}}{\sqrt{1-v^2}}\right) \tag{25.3}$$

出發，並用**四維**中的一個不變純量，即靜質量 m_0 來除它，我們有

$$\frac{p_\mu}{m_0} = \left(\frac{1}{\sqrt{1-v^2}}, \frac{\boldsymbol{v}}{\sqrt{1-v^2}}\right) \tag{25.4}$$

這仍然應該是四維向量。（用**不變純量**來除，並不會改變變換性質。）因此，可由下式定義「**速度四維向量**」u_μ：

$$u_t = \frac{1}{\sqrt{1-v^2}}, \qquad u_y = \frac{v_y}{\sqrt{1-v^2}}$$

$$u_x = \frac{v_x}{\sqrt{1-v^2}}, \qquad u_z = \frac{v_z}{\sqrt{1-v^2}} \tag{25.5}$$

這個速度向量是有用的量，例如我們可寫出

$$p_\mu = m_0 u_\mu \tag{25.6}$$

這是在相對論中凡屬正確的方程式，都必須具有的典型形式；方程式的每一邊都是一個四維向量。（右邊是一個不變量乘以一個四維向量，仍然是一個四維向量。）

25-2 純量積

　　座標系旋轉之下，從原點至某一點的距離並不改變，假如你樂意的話，可以說，這乃是生活中的一項巧遇。這意味著，在數學上 $r^2 = x^2 + y^2 + z^2$ 是一個不變量。換句話說，經過轉動之後 $r'^2 = r^2$，或

$$x'^2 + y'^2 + z'^2 = x^2 + y^2 + z^2$$

現在的問題是：在勞侖茲變換下，是否也有一個相似的不變量？有的。從(25.1)式，你可以看出

$$t'^2 - x'^2 = t^2 - x^2$$

除了依賴於 x 方向這種特別的選擇外，這是非常棒的。我們只要再減去 y^2 和 z^2，便可將它安排安當。於是，任一個勞侖茲變換**加上**旋轉，將使得該量維持不變。因此與三維中的 r^2 類似的一個四維量為

$$t^2 - x^2 - y^2 - z^2$$

這是在所謂「完整勞侖茲群」（complete Lorentz group，意指包括等速平移與旋轉的那種變換）下的一個不變量。

　　既然這一不變性是僅依賴於(25.1)式的變換法則、再加上轉動的代數過程，它對於任一個四維向量都是正確的（根據定義，它們都作同樣變換）。因此對一個四維向量 a_μ 來說，我們有

$$a_t'^2 - a_x'^2 - a_y'^2 - a_z'^2 = a_t^2 - a_x^2 - a_y^2 - a_z^2$$

我們將稱這個量為該四維向量 a_μ 之「長度」的平方。（有些人將所有各項的正負號都改變，而稱 $a_x^2 + a_y^2 + a_z^2 - a_t^2$ 為長度，因而你得要小心對待。）

現在假設有**兩個**四維向量 a_μ 和 b_μ，它們的相應分量按同樣的方式變換，則以下組合

$$a_t b_t \; - \; a_x b_x \; - \; a_y b_y \; - \; a_z b_z$$

也是一個不變（純）量。（事實上，在第 I 卷第 17 章中已證明過此事。）顯然上式與向量的內積很相似。事實上，我們將稱它為兩個四維向量的**內積**或**純量積**。將它寫成 $a_\mu \cdot b_\mu$ 應該是合乎邏輯的，因為那看起來就像個內積。可是，真不湊巧，習慣上並不這樣寫，往往沒有寫出中間那一點。因此我們將依循此一慣例，將內積寫成 $a_\mu b_\mu$。這樣，**根據定義**，

$$a_\mu b_\mu \; = \; a_t b_t \; - \; a_x b_x \; - \; a_y b_y \; - \; a_z b_z \tag{25.7}$$

每當你看到兩個一樣的下標一起出現（有時得用 ν 或其他字母代替 μ），那就意味著，你必須取四個積並相加起來。**記住**，對空間分量的積要取**負號**。依此慣例，在勞侖茲變換下，純量積的不變性可以寫成

$$a'_\mu b'_\mu \; = \; a_\mu b_\mu$$

由於 (25.7) 式中的最後三項不過是三維中的內積，寫成如下形式，往往更為方便

$$a_\mu b_\mu \; = \; a_t b_t \; - \; \boldsymbol{a} \cdot \boldsymbol{b}$$

顯然上面描述過的四維長度也可寫成 $a_\mu a_\mu$：

$$a_\mu a_\mu = a_t^2 - a_x^2 - a_y^2 - a_z^2 = a_t^2 - \boldsymbol{a} \cdot \boldsymbol{a} \qquad (25.8)$$

有時寫成 a_μ^2 也很方便：

$$a_\mu^2 \equiv a_\mu a_\mu$$

現在要向你們示範四維向量內積的用途。在巨大的加速器中，經由下列方式可產生出反質子（$\overline{\text{P}}$）：

$$\text{P} + \text{P} \rightarrow \text{P} + \text{P} + \text{P} + \overline{\text{P}}$$

這就是說，一個高能質子撞擊一個靜止的質子（比如置於質子流中氫靶內的質子），且倘若入射質子擁有足夠能量，則除了原來的兩個質子之外，有可能新產生質子－反質子對。* 問題在於：應給予入射質子多少能量，才能使這一反應在能量上是可能的？

*原注：你儘可以問：為何不考慮

$$\text{P} + \text{P} \rightarrow \text{P} + \text{P} + \overline{\text{P}}$$

或甚至

$$\text{P} + \text{P} \rightarrow \text{P} + \overline{\text{P}}$$

這些顯然需要較少能量的反應呢？答案是，一個稱為**重子守恆**（conservation of baryons）的原理告訴我們：「質子數減去反質子數」不能改變。在我們的反應中，左邊這個量為 2。因此，若希望有一反質子出現在右邊，則同時還要有**三個**質子（或其他重子）。

　　要獲得答案的最簡易方法，是考慮在質心（CM）系中，此反應看起來是怎樣的（見圖 25-1）。我們將稱入射質子為 a，而其四維動量為 p_μ^a。同理，我們稱靶質子為 b，而其四維動量為 p_μ^b。若入射質子擁有**僅僅足以**使反應進行的能量，那麼終態（碰撞後的狀態）將是在質心系中靜止不動的一個球體，含有三個質子和一個反質子。若入射能量稍高一些，則終態粒子就會擁有一些動能，而彼此分離；若入射能量稍低一些，則不會有足夠的能量來產生這四個粒子。

　　若將終態中那個球體的總四維動量稱為 p_μ^c，則動量與能量守恆定律告訴我們

$$p^a + p^b = p^c$$

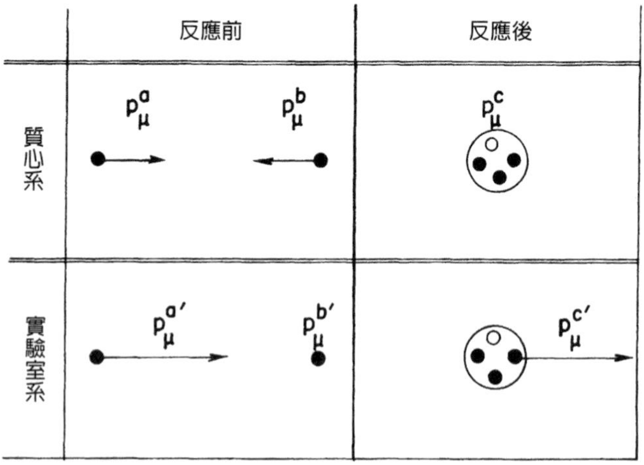

圖25-1　圖25-1　從實驗室系和質心系來觀測反應 $P + P \rightarrow 3P + \bar{P}$。假定入射質子僅勉強具有使反應可進行的能量。質子用實心圓點表示，而反質子則用圓圈表示。

和

$$E^a + E^b = E^c$$

結合上兩式，我們可寫出

$$p_\mu^a + p_\mu^b = p_\mu^c \qquad (25.9)$$

現在，重要之點在於：這是四維向量之間的方程式，因而對任一慣性系都屬正確。我們可利用這一事實來簡化計算。我們由取 (25.9)式每一邊的「長度」開始，當然它們也是相等的。我們可得

$$(p_\mu^a + p_\mu^b)(p_\mu^a + p_\mu^b) = p_\mu^c p_\mu^c \qquad (25.10)$$

既然 $p_\mu^c p_\mu^c$ 是不變的，我們可在任一座標系中來計算它。在質心系中，p_μ^c 的時間分量是四個質子的靜能量，即 $4M$，而空間部分 $\boldsymbol{p}$ 則等於零；因此 $p_\mu^c = (4M, \boldsymbol{0})$。我們用上了反質子的質量等於質子的質量此一事實，並將此共同質量稱爲 M。

這樣，(25.10)式就變成

$$p_\mu^a p_\mu^a + 2p_\mu^a p_\mu^b + p_\mu^b p_\mu^b = 16M^2 \qquad (25.11)$$

現在 $p_\mu^a p_\mu^a$ 和 $p_\mu^b p_\mu^b$ 都十分容易求得，因爲任一粒子的動量四維向量的「長度」正好是該粒子質量的平方：

$$p_\mu p_\mu = E^2 - \boldsymbol{p}^2 = M^2$$

這可由直接的計算來證明，或者更巧妙的，藉由注意一個**靜止**粒子

的 $p_\mu = (M, \boldsymbol{0})$，從而 $p_\mu p_\mu = M^2$。但由於它是一個不變量，故在**任何**參考系中都等於 M^2。將這些結果用在 (25.11) 式中，便得到

$$2p_\mu^a p_\mu^b = 14M^2$$

也就是

$$p_\mu^a p_\mu^b = 7M^2 \qquad (25.12)$$

現在，我們也可計算實驗室系中的 $p_\mu^a p_\mu^b = p_\mu^{a'} p_\mu^{b'}$。四維向量 $p_\mu^{a'}$ 可寫成 $(E^{a'}, \boldsymbol{p}^{a'})$，而 $p_\mu^{b'} = (M, \boldsymbol{0})$，因爲後者描述一個靜止的質子。這樣，$p_\mu^{a'} p_\mu^{b'}$ 也就應該等於 $ME^{a'}$；又因爲我們知道純量積是不變量，它的數值必須等於 (25.12) 式中所得到者。因而我們有

$$E^{a'} = 7M$$

這就是我們所要尋找的結果。初始質子的**總**能量必須至少爲 $7M$（約 6.6 GeV，因爲 $M = 938$ MeV），或者在減去靜質量 M 之後，其**動**能必須至少爲 $6M$（約 5.6 GeV）。安裝在加州大學柏克萊分校的那部貝法加速器（Bevatron），就是設計來提供受加速質子約 6.2 GeV 的動能，以產生反質子。

由於純量積都是不變量，對它們進行計算總是有趣的。那麼，四維速度的「長度」$u_\mu u_\mu$ 又如何呢？

$$u_\mu u_\mu = u_t^2 - \boldsymbol{u}^2 = \frac{1}{1-v^2} - \frac{v^2}{1-v^2} = 1$$

因而，u_μ 就是**單位四維向量**（unit four-vector）。

25-3 四維梯度

我們要討論的下一件事情，是梯度的四維類比。我們回想起（第 I 卷第 14 章），三個微分算符 $\partial/\partial x$、$\partial/\partial y$、$\partial/\partial z$ 就像三維向量那樣變換，並且稱為梯度。這同一方案也應該適用於四維，我們或許會猜測四維梯度應當是 $(\partial/\partial t, \partial/\partial x, \partial/\partial y, \partial/\partial z)$。**這是錯的。**

要看出錯誤何在，考慮一個只與 x 和 t 有關的純量函數。假若我們讓 t 作一個小變化 Δt，同時使 x 保持不變，則 ϕ 的變化為

$$\Delta\phi = \frac{\partial\phi}{\partial t}\Delta t \tag{25.13}$$

另一方面，對一個正在運動的觀測者來說，

$$\Delta\phi = \frac{\partial\phi}{\partial x'}\Delta x' + \frac{\partial\phi}{\partial t'}\Delta t'$$

應用 (25.1) 式，我們可用 Δt 來表示出 $\Delta x'$ 和 $\Delta t'$。記住，我們正保持 x 不變，因而 $\Delta x = 0$，並可寫出

$$\Delta x' = -\frac{v}{\sqrt{1-v^2}}\Delta t; \qquad \Delta t' = \frac{\Delta t}{\sqrt{1-v^2}}$$

這樣，

$$\Delta\phi = \frac{\partial\phi}{\partial x'}\left(-\frac{v}{\sqrt{1-v^2}}\Delta t\right) + \frac{\partial\phi}{\partial t'}\left(\frac{\Delta t}{\sqrt{1-v^2}}\right)$$

$$= \left(\frac{\partial\phi}{\partial t'} - v\frac{\partial\phi}{\partial x'}\right)\frac{\Delta t}{\sqrt{1-v^2}}$$

將上式與 (25.13) 式比較，可以知道

$$\frac{\partial\phi}{\partial t} = \frac{1}{\sqrt{1-v^2}}\left(\frac{\partial\phi}{\partial t'} - v\frac{\partial\phi}{\partial x'}\right) \tag{25.14}$$

類似的計算將給出

$$\frac{\partial \phi}{\partial x} = \frac{1}{\sqrt{1-v^2}}\left(\frac{\partial \phi}{\partial x'} - v\,\frac{\partial \phi}{\partial t'}\right) \qquad (25.15)$$

我們現在可以看清楚，這個梯度相當奇怪。用 x' 和 t' 來表出 x 和 t 的公式（由解 (25.1) 式而得）為：

$$t = \frac{t' + vx'}{\sqrt{1-v^2}}, \qquad x = \frac{x' + vt'}{\sqrt{1-v^2}}$$

這是四維向量所**必須**進行變換的方式。但 (25.14) 和 (25.15) 式中有幾個正負號錯了！

答案是，不要那個**不對的** ($\partial/\partial t$, ∇)，我們必須按照下式來**定義四維梯度**算符，我們將稱它為 ∇_μ：

$$\nabla_\mu = \left(\frac{\partial}{\partial t}, -\nabla\right) = \left(\frac{\partial}{\partial t}, -\frac{\partial}{\partial x}, -\frac{\partial}{\partial y}, -\frac{\partial}{\partial z}\right) \quad (25.16)$$

採用此定義，前面所遇到的正負號困難就消除了，從而 ∇_μ 也就表現得如同一個四維向量該有的那樣。（帶著那些負號相當難看，但世界就是這個樣子。）當然，所謂「∇_μ 表現得如同一個四維向量」，指的不過是：一個純量的四維梯度為一個四維向量。倘若 ϕ 是真實的純量不變場（勞侖茲不變量），則 $\nabla_\mu \phi$ 就是一個四維向量場。

好，既然我們已經有了向量、梯度與內積，下一件事是要找出與三維向量分析中的散度相類似的不變量。顯然，此類比要形成 $\nabla_\mu b_\mu$ 這樣的表達式，其中 b_μ 為一個四維向量場，其分量都是空間與時間的函數。我們將四維向量 $b_\mu = (b_t,\, \boldsymbol{b})$ 的**散度定義**為 ∇_μ 與 b_μ 的內積：

$$\begin{aligned}
\nabla_\mu b_\mu &= \frac{\partial}{\partial t}\,b_t - \left(-\frac{\partial}{\partial x}\right)b_x - \left(-\frac{\partial}{\partial y}\right)b_y - \left(-\frac{\partial}{\partial z}\right)b_z \\
&= \frac{\partial}{\partial t}\,b_t + \nabla \cdot \boldsymbol{b}
\end{aligned} \qquad (25.17)$$

式中 $\nabla \cdot \boldsymbol{b}$ 是三維向量 $\boldsymbol{b}$ 的尋常三維散度。注意，我們必須當心這些正負號。其中有些負號來自純量積的定義，即 (25.7) 式；其他則是由 (25.16) 中，∇_μ 的空間分量為 $-\partial/\partial x$ 等所要求的。依 (25.17) 式所定義的散度是一個不變量，因而在彼此可由勞侖茲變換連繫起來的一切座標系中，都將給出相同的答案。

讓我們來看看，其中會出現四維散度的一個物理例子。我們可用它來解一根運動導線週圍的場這個問題。我們已經見到（在第 13-7 節中），電荷密度 ρ 和電流密度 $\boldsymbol{j}$ 形成一個四維向量 $j_\mu = (\rho, \boldsymbol{j})$。若一根不帶電的導線載有電流 j_x，則在以速度 v（沿 x 軸）從其旁邊經過的參考系中，此導線將擁有如下的電荷與電流密度（由勞侖茲變換 (25.1) 式得到的）：

$$\rho' = \frac{-vj_x}{\sqrt{1-v^2}}, \qquad j_x' = \frac{j_x}{\sqrt{1-v^2}}$$

這些正好就是我們在第 13 章中曾獲得的。於是，我們就能將這些源用於**運動系**中的馬克士威方程式中而找到場。

第 13-2 節中的電荷守恆律，在此四維向量記法中，也將有簡單的形式。考慮 j_μ 的四維散度：

$$\nabla_\mu j_\mu = \frac{\partial \rho}{\partial t} + \nabla \cdot \boldsymbol{j} \qquad (25.18)$$

電荷守恆律說的是：每單位體積中電流的流出量，必須等於電荷密度的負增長率。換句話說，

$$\nabla \cdot \boldsymbol{j} = -\frac{\partial \rho}{\partial t}$$

將此代入 (25.18) 式中，電荷守恆律就會有如下的簡單形式

$$\nabla_\mu j_\mu = 0 \qquad (25.19)$$

既然 $\nabla_\mu j_\mu$ 是一個不變量，假若它在一個參考系中等於零，則在所有參考系中也都等於零。我們因而有如下結果：若電荷在一個座標系中守恆，則在所有以等速運動的座標系中，電荷也都將守恆。

做為最後一個例子，我們想考慮梯度算符 ∇_μ 與它本身的純量積。在三維中，這樣的積會給出拉普拉斯算符

$$\nabla^2 = \nabla \cdot \nabla = \frac{\partial^2}{\partial x^2} + \frac{\partial^2}{\partial y^2} + \frac{\partial^2}{\partial z^2}$$

在四維中，我們將得到什麼呢？這很容易。按照內積與梯度的法則，我們得到

$$\nabla_\mu \nabla_\mu = \frac{\partial}{\partial t}\frac{\partial}{\partial t} - \left(-\frac{\partial}{\partial x}\right)\left(-\frac{\partial}{\partial x}\right)$$
$$- \left(-\frac{\partial}{\partial y}\right)\left(-\frac{\partial}{\partial y}\right) - \left(-\frac{\partial}{\partial z}\right)\left(-\frac{\partial}{\partial z}\right) = \frac{\partial^2}{\partial t^2} - \nabla^2$$

表 25-2　三維與四維向量分析中的重要量

	三　維
向量	$\mathbf{A} = (A_x, A_y, A_z)$
純量積	$\mathbf{A} \cdot \mathbf{B} = A_x B_x + A_y B_y + A_z B_z$
向量算符	$\nabla = (\partial/\partial x, \partial/\partial y, \partial/\partial z)$
梯度	$\nabla\psi = \left(\dfrac{\partial\psi}{\partial x}, \dfrac{\partial\psi}{\partial y}, \dfrac{\partial\psi}{\partial z}\right)$
散度	$\nabla \cdot A = \dfrac{\partial A_x}{\partial x} + \dfrac{\partial A_y}{\partial y} + \dfrac{\partial A_z}{\partial z}$
拉普拉斯算符與達朗白算符	$\nabla \cdot \nabla = \dfrac{\partial^2}{\partial x^2} + \dfrac{\partial^2}{\partial y^2} + \dfrac{\partial^2}{\partial z^2}$

這一算符稱爲**達朗白算符**（D'Alembertian），它是三維拉普拉斯算符的類比，有特別的記法：

$$\Box^2 = \nabla_\mu \nabla_\mu = \frac{\partial^2}{\partial t^2} - \nabla^2 \tag{25.20}$$

依定義，它是一個不變的純量算符；當它運算於一個四維向量場時，將產生一個新的四維向量場。（有些人對達朗白算符的定義，與(25.20)式的正負號相反，所以當你閱讀文獻時，務必當心。）

現在，對前面表25-1中所列的三維量，大部分已找到四維的相應量。（不過我們尙未有外積與旋度的對應，在下一章，我們才會討論到。）若將所有重要的定義和結果都集中在一處，對你記住它們如何演變，可能有所幫助，因此我們就在表25-2中作這樣的摘要。

四 維
$a_\mu = (a_t, a_x, a_y, a_z) = (a_t, \mathbf{a})$
$a_\mu b_\mu = a_t b_t - a_x b_x - a_y b_y - a_z b_z = a_t b_t - \mathbf{a} \cdot \mathbf{b}$
$\nabla_\mu = (\partial/\partial t, -\partial/\partial x, -\partial/\partial y, -\partial/\partial z) = (\partial/\partial t, -\nabla)$
$\nabla_\mu \varphi = \left(\frac{\partial \varphi}{\partial t}, -\frac{\partial \varphi}{\partial x}, -\frac{\partial \varphi}{\partial y}, -\frac{\partial \varphi}{\partial z}\right) = \left(\frac{\partial \varphi}{\partial t}, -\nabla \varphi\right)$
$\nabla_\mu a_\mu = \frac{\partial a_t}{\partial t} + \frac{\partial a_x}{\partial x} + \frac{\partial a_y}{\partial y} + \frac{\partial a_z}{\partial z} = \frac{\partial a_t}{\partial t} + \nabla \cdot \mathbf{a}$
$\nabla_\mu \nabla_\mu = \frac{\partial^2}{\partial t^2} - \frac{\partial^2}{\partial x^2} - \frac{\partial^2}{\partial y^2} - \frac{\partial^2}{\partial z^2} = \frac{\partial^2}{\partial t^2} - \nabla^2 = \Box^2$

25-4　按四維記法的電動力學

　　我們已在第 18-6 節中遇到過達朗白算符，但未賦予它名字；我們在那裡找到的位勢微分方程式，可以用新的記法寫成：

$$\square^2 \phi = \frac{\rho}{\epsilon_0}, \qquad \square^2 \mathbf{A} = \frac{\mathbf{j}}{\epsilon_0} \qquad (25.21)$$

這兩個方程式中右邊的四個量為 ρ、j_x、j_y、j_z，都要再除以 ϵ_0，倘若所有參考系中都採用相同的電荷單位，則這個 ϵ_0 就是在所有座標系中都相同的一個普適常數。因此那四個量 ρ/ϵ_0、j_x/ϵ_0、j_y/ϵ_0、j_z/ϵ_0 就如同一個四維向量那樣變換。我們可將其寫成 j_μ/ϵ_0。當座標系改變時，達朗白算符並不會改變，因而這四個量 ϕ、A_x、A_y、A_z 也必須像一個四維向量那樣**變換** ── 這意味著它們**就是**一個四維向量的分量。簡單的說，

$$A_\mu = (\phi, \mathbf{A})$$

是一個四維向量。我們稱之為純量勢與向量位勢的東西，實際上是同一個物理客體的不同面向。它們是一體的。倘若把它們合在一起看，則這個世界的相對論不變性就很顯然了。我們稱 A_μ 為**四維勢**（four-potential）。

　　在四維向量記法中，(25.21) 的兩個方程式變成簡單的

$$\square^2 A_\mu = \frac{j_\mu}{\epsilon_0} \qquad (25.22)$$

這一方程式的物理內涵，正好同馬克士威方程組一樣。可以將它們改寫成這麼一個優美的形式，實在令人感到有些喜悅。這個漂亮的形式也有其自身的意義，它直接表明電動力學在勞侖茲變換下的不

變性。

謹記 (25.21) 式之所以能夠由馬克士威方程組推導而得，只是因為我們加上了規範條件

$$\frac{\partial \phi}{\partial t} + \nabla \cdot \boldsymbol{A} = 0 \tag{25.23}$$

它表述的正是 $\nabla_\mu A_\mu = 0$；此規範條件說明四維向量 A_μ 的散度為零。此一條件稱為**勞侖茲條件**（Lorentz condition）。這很方便，因為它是一個不變性條件，從而使馬克士威方程組對所有參考系都能保持 (25.22) 式的形式。

25-5 運動電荷的四維勢

雖然變換律已隱含在上述內容中，但還是讓我們把在運動系中的 ϕ 和 $\boldsymbol{A}$ 用靜止系中的 ϕ 和 $\boldsymbol{A}$ 來表出的那種變換律寫出來。既然 $A_\mu = (\phi, \boldsymbol{A})$ 是一個四維向量，這些變換式看起來就必須正好像 (25.1) 式，只是 t 應以 ϕ 取代，而 $\boldsymbol{x}$ 則以 $\boldsymbol{A}$ 代之。於是有

$$\phi' = \frac{\phi - vA_x}{\sqrt{1 - v^2}}, \qquad A'_y = A_y$$

$$A'_x = \frac{A_x - v\phi}{\sqrt{1 - v^2}}, \qquad A'_z = A_z \tag{25.24}$$

這裡假定，帶一撇的座標系是以速率 v 沿 x 正方向運動，而此速率是在那個不帶撇的座標系中測得的。

我們要來討論四維勢概念之用途的一個例子。以速率 v 沿 x 軸運動的電荷 q，它的向量位勢與純量勢為何呢？這一問題在隨電荷運動的那個座標系中是很簡單的，因為在此座標系中，電荷是靜止的。假定此電荷位於 S' 參考系的原點上，如圖 25-2 所示。於是在

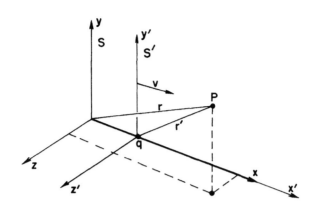

圖 25-2　S' 參考系以速度 v（沿 x 方向）相對於 S 系運動。S' 系中位於
原點的一個靜止電荷，在 S 系中位於 $x = vt$ 處。P 點的位勢從
兩參考系都可以計算出來。

此運動系中的純量勢爲

$$\phi' = \frac{q}{4\pi\epsilon_0 r'} \tag{25.25}$$

r' 是在此運動系中測得的從 q 至場點的距離。當然向量位勢 A' 等於
零。

　　現在，要找出在靜止座標系中量得的位勢 ϕ 和 A，很直截了
當。(25.24) 式的逆變換式爲

$$\phi = \frac{\phi' + vA'_x}{\sqrt{1-v^2}}, \quad A_y = A'_y$$

$$A_x = \frac{A'_x + v\phi'}{\sqrt{1-v^2}}, \quad A_z = A'_z \tag{25.26}$$

利用 (25.25) 式給出的 ϕ' 及 $A' = 0$，我們得到

$$\phi = \frac{q}{4\pi\epsilon_0} \frac{1}{r'\sqrt{1-v^2}}$$

$$= \frac{q}{4\pi\epsilon_0} \frac{1}{\sqrt{1-v^2}\sqrt{x'^2+y'^2+z'^2}}$$

這提供我們在 S 系中將看到的純量勢 ϕ，但不幸的是，它是用 S' 系的座標來表達的。我們可以用 (25.1) 式將 t'、x'、y'、z' 的各式代入，而得到用 t、x、y、z 表出的東西。我們得到

$$\phi = \frac{q}{4\pi\epsilon_0} \frac{1}{\sqrt{1-v^2}} \frac{1}{\sqrt{[(x-vt)/\sqrt{1-v^2}]^2+y^2+z^2}} \qquad (25.27)$$

對於 A 的各分量，按同一步驟，你可以證明

$$A = v\phi \qquad (25.28)$$

這些就是我們在第 21 章中，用別的方法推導得出的相同公式。

25-6 電動力學方程式的不變性

我們已找出：位勢 ϕ 和 A 湊在一起，便形成稱之為 A_μ 的四維向量，而波動方程式——即用 j_μ 來確定 A_μ 的完整方程組，可寫成如 (25.22) 式的樣子。此一方程與電荷守恆律（即 (25.19) 式）一起，將給出電磁場的基本定律：

$$\Box^2 A_\mu = \frac{1}{\epsilon_0} j_\mu, \qquad \nabla_\mu j_\mu = 0 \qquad (25.29)$$

只占頁面的小小空間，就包括了馬克士威方程組的全部，優美而又簡單。

除了既優美又簡單外，我們將方程組寫成這樣，是否能從中學

得什麼呢？首先，這是否有別於我們過去將各個不同分量全部寫出來時，所得到的那些呢？答案是明確否定的。我們所做的唯一一件事就是改變東西的名稱──引用一種新的記法。我們寫下了一個正方形符號來代表微分；但它既不多也不少的意味著：它是對 t 的二次微分，減去對 x 的二次微分，減去對 y 的二次微分，減去對 z 的二次微分。而 μ 表示我們有四個方程式，對 $\mu = t$、x、y 或 z 各有一個。那麼，可以將那些方程寫成如此簡單形式，這個事實又有什麼意義呢？就直接從其導出什麼東西這個觀點來看，那確實沒有什麼意義。然而，或許這些方程式的簡單性，就意味著自然界也具有某種簡單性。

　　讓我們來向你展示新近才發現的有趣東西：**所有物理定律都可以包括在一個方程式之中**。這個方程式就是

$$U = 0 \tag{25.30}$$

多麼簡單的一個方程式啊！當然，我們必須知道該符號指的是什麼。U 是一個物理量，我們用來稱一些情況的「非現世性」（unworldliness），而我們對它是有一個公式的。

　　以下是你如何計算非現世性的方法。你可以取所有已知的物理定律，並將它們都寫成特殊的形式。例如，假設你取的是力學定律 $F = ma$，並把它重新寫成 $F - ma = 0$。$(F - ma)$ 必然應當等於零，然後你可以將 $(F - ma)$ 稱為力學的「失調」（mismatch）。其次，你再取這失調的**平方**，並稱為 U_1，這可以稱為「力學效應的非現世性」。換句話說，你可以取

$$U_1 = (F - ma)^2 \tag{25.31}$$

現在你寫下另一條物理定律，比如 $\boldsymbol{\nabla} \cdot \boldsymbol{E} = \rho/\epsilon_0$，並定義

$$U_2 = \left(\boldsymbol{\nabla} \cdot \boldsymbol{E} - \frac{\rho}{\epsilon_0} \right)^2$$

這或許被你稱爲「電的高斯非現世性」。你繼續寫出 U_3、U_4……等等，每一物理定律各有一個。

最後，你把來自所有相關次現象（subphenomenon）的諸多不同非現世性 U_i 都加起來，並稱爲宇宙的**總**非現世性 U：即 $U = \Sigma U_i$。於是這偉大的「自然定律」就是

$$\boxed{U = 0} \tag{25.32}$$

這一「定律」當然意味著，所有個別失調之平方的總和爲零，而能使一大堆平方的總和爲零的唯一方法，就是其中每一項都等於零。

因此，(25.32) 式這條「優美簡單」的定律，相當於你原來寫下的一整套方程式。因而絕對明顯的是：只是把複雜性隱藏在符號的定義之內的簡單記法，並不是眞正的簡單性。**那不過是一種詭計**。(25.32) 式所呈現的優美性，僅從幾個方程式隱藏在其中這一事實看來，也不外是詭計而已。當你把整個東西都打開時，你將回到原來所在的地方。

然而，將電磁定律寫成 (25.29) 式這種形式，除了簡單性之外，**還有**其他一些東西。它包含更多意義，就像向量分析包含更多意義那般。電磁方程組之所以能寫成爲勞侖茲變換的四維幾何**所設計的**那種特殊記法，換句話說，也就是可以做爲四維空間中的一個向量方程式，這一事實，就意味著它在勞侖茲變換下是不變的。只是因爲馬克士威方程組在那些變換之下是不變的，才使得它們能夠寫成優美的形式。

能夠將電動力學方程式寫成 (25.29) 式那樣的優美、雅緻形式，

並非偶然。**正是由於在實驗上已發現**，馬克士威方程組所預言的各種現象在一切慣性系中都相同，相對論才發展起來的。而正是經由研究馬克士威方程組的**變換**性質，才使得勞侖茲發現了，他的變換式可以做為保留那些方程式不變的一種變換。

然而，還有另一個理由將方程式寫成如此形式。人們已經發現 ── 在愛因斯坦猜測也許應該是這樣之後，**所有**物理定律在勞侖茲變換之下都是不變的。這就是相對性原理。因此，倘若我們發明一種記法，當寫下一條物理定律時，它能夠立刻指出此定律是否不變，那麼我們便有把握在試圖創立新理論時，只寫出與相對性原理一致的方程式。

在這一特殊記法中，馬克士威方程組表現得很簡單，這一事實並不是什麼奇蹟，因為這種記法就是在想遍那些方程式之後才發明的。但有趣的物理卻是：**每一條物理定律** ── 介子波的傳播或其他衰變中的微中子行為等等，都必須在同一種變換之下，具有相同的不變性。那麼當你在一艘太空船內以等速移動時，所有自然定律都一同這樣作變換，以致沒有任何新現象發生。正是由於相對性原理是自然界的一項事實，才使得在四維向量這種記法中，關於世界的各種方程式都表現得很簡單。

第26章
場的勞侖茲變換

26-1 運動電荷的四維勢

我們在上一章中看到，$A_\mu = (\phi, A)$ 是一個四維向量，時間分量爲純量勢 ϕ，而三個空間分量則是向量位勢 A。我們也利用勞侖茲變換，計算出以等速在一直線上運動的粒子之位勢。（我們已經在第 21 章中，用另一種方法找到了這些位勢。）對於在 t 時刻之位置爲 $(vt, 0, 0)$ 的點電荷，其在點 (x, y, z) 上的位勢

$$\phi = \frac{1}{4\pi\epsilon_0 \sqrt{1-v^2}} \frac{q}{\left[\dfrac{(x-vt)^2}{1-v^2} + y^2 + z^2\right]^{1/2}}$$

$$A_x = \frac{1}{4\pi\epsilon_0 \sqrt{1-v^2}} \frac{qv}{\left[\dfrac{(x-vt)^2}{1-v^2} + y^2 + z^2\right]^{1/2}} \qquad (26.1)$$

$$A_y = A_z = 0$$

(26.1) 式給出了，「現在」位置（指**在 t 時刻的位置**）爲 $x = vt$ 的電荷，在位置 (x, y, z) 和時間 t 上的電位。注意，這些式子是用 $(x - vt)$、y 和 z，即是用**從運動電荷的現行位置** P 測得的座標來表出的（見圖 26-1）。我們知道實際的影響確實是以速率 c 行進的，所以真正有影響的是往後推遲的那個位置 P' 上電荷的行爲。＊ P' 點

在本章中：$c = 1$

請複習：第 II 卷第 20 章〈馬克士威方程組在自由空間中的解〉。

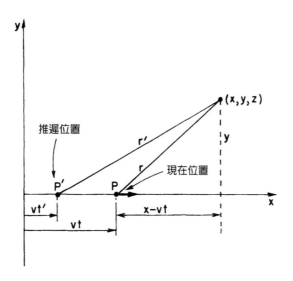

圖 26-1　電荷 q 沿 x 軸以等速 v 運動，求它在點 (x, y, z) 的場。「此刻」在點 (x, y, z) 的場，既可用「現在」位置 P，亦可用（在 $t' = t - r'/c$ 時刻的）「推遲」位置 P' 來表示。

位於 $x = vt'$ 上（其中 $t' = t - r'/c$ 是推遲時間）。但是，電荷是以等速在一直線上運動，因而 P' 點與 P 點上的行為自然直接相關。

　　事實上，假若我們作一個附加假設，即那些電位僅取決於在推遲時刻的位置與速度，那麼 (26.1) 式便是以**任意**方式運動的電荷之電位的**完整**公式。方法如下。假設你有一個以某種任意方式運動的電荷，比方說，其軌跡如圖 26-2 所示，而你試圖找出在點 (x, y, z) 上的電位。

　　＊原注：這裡用來指明**推遲**位置或推遲時刻的那些撇號，不應該與上一章中用來指明已做了勞侖茲變換的參考系的撇號相混淆。

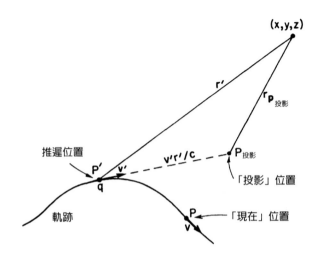

<u>圖 26-2</u>　電荷在任意軌道上運動。時刻 t ，在點 (x, y, z) 的電位由推遲
　　　　時刻 $t - r'/c$ 的位置 P' 和速度 v' 所確定。這些電位可用「投
　　　　影」位置 $P_{投影}$ 來表示（時刻 t 的實際位置為 P ）。

　　首先，你找出推遲位置 P' 以及在該點上電荷的速度 v' 。然後你
設想電荷在這延遲時間 $(t' - t)$ 內繼續保持這一速度，以致它會出現
在一個想像的位置 $P_{投影}$ 上，我們稱其為「投影位置」（projected posi-
tion），且電荷應該以速度 v' 到達那兒。（當然，電荷並不是這樣做
的，它在時刻 t 的確實位置乃是 P 。）於是在點 (x, y, z) 上的電位，
正好是一個想像電荷在投影位置上依 (26.1) 式所給出的。我們現在
要說的是：由於電位僅取決於電荷在**推遲**時刻所做的，那麼無論電
荷是以一恆定速度運動，或在 t' 時刻之後（即在 t 時刻將出現於點
(x, y, z) 上的電位早已確定之後）改變速度，電位都將相同。

　　你當然知道，一旦有了來自以任意方式運動的電荷之電位的公
式，我們便擁有全部的電動力學；我們可以經由疊加，獲得任一電

荷分布之電位。因此我們可以寫出馬克士威方程組，或遵照如下的一系列評注，將電動力學的所有現象加以總結。（把這些記住，以備有朝一日你身處荒島，一切東西都可由此重構出來。當然，你要懂得勞侖茲變換，無論你是在荒島上或在其他任何地方，都別忘記它。）

首先，A_μ 是一個四維向量。**其次**，靜止電荷的庫侖電位勢為 $q/4\pi\epsilon_0 r$。**第三**，一個以任意方式運動的電荷所產生的電位，僅取決於在推遲時刻的速度與位置。只要有這三項事實，我們便有了一切。由 A_μ 是一個四維向量此事實，我們便可對已知的庫侖電位勢作變換，以得到一恆定速度之電位。然後，藉助「電位僅取決於電荷在推遲時刻的過去速度」這最後一項聲明，我們便可用投影位置這個把戲找各個電位了。這雖然不是處理問題特別有用的方法，但證明物理定律能夠用許多不同的方式加以表達，這件事挺有趣的。

有時候，漫不經心的人會說到，電動力學的一切都可以只從勞侖茲變換和庫侖定律推導出來。當然，這是完全錯誤的。首先，我們必須假定存在一個純量勢與一個向量位勢，它們互相結合成一個四維向量。這就告訴我們電位如何作變換。然後，為什麼只有推遲時刻的影響才算數呢？若如下這樣問就更好：為什麼電位只取決於位置與速度，而與比方說，加速度無關呢？E 和 B 場，**確實**與加速度有關。假如你試圖對這些場使用同一種論證，你將會說，它們也僅取決於推遲時刻的位置與速度。可是如此一來，則來自加速中的電荷之場，就將與來自該投影位置上的電荷之場一樣——這是錯誤的。**場**不僅取決於沿運動路線上電荷的位置與速度，而且也取決於其加速度。所以，在這個「每件事物都可以從勞侖茲變換推導出來」的偉大說法中，還有幾個附加的策略性假設。（每當你看到「能從幾項假設便可導出一大堆東西來」這種包山包海式的說法時，你總

會發現它是錯的。倘若你足夠小心的加以思考的話，就會發覺其中往往有許多非常不明顯的隱含假設。）

26-2 等速點電荷的場

　　既然我們有了來自以等速運動的電荷之電位，為了實用的原因，我們應該找出其場來。有許多情況，是其中帶電粒子以等速運動的 —— 例如，行經雲霧室（cloud chamber）的宇宙線，或甚至在一根導線中慢速運動的電子。因此，讓我們至少來看看，在任一速率 —— 甚至是接近光速的速率下，場實際上看起來如何，只要假定其中不存在加速度。這是很有趣的問題。

　　我們經由慣常的法則，便可由電位得到場：

$$E = -\nabla\phi - \frac{\partial A}{\partial t}, \qquad B = \nabla \times A$$

首先，求 E_z

$$E_z = -\frac{\partial\phi}{\partial z} - \frac{\partial A_z}{\partial t}$$

但 A_z 等於零；所以微分 (26.1) 式中的 ϕ，我們得到

$$E_z = \frac{q}{4\pi\epsilon_0\sqrt{1-v^2}} \frac{z}{\left[\frac{(x-vt)^2}{1-v^2} + y^2 + z^2\right]^{3/2}} \qquad (26.2)$$

同理，對於 E_y 可得

$$E_y = \frac{q}{4\pi\epsilon_0\sqrt{1-v^2}} \frac{y}{\left[\frac{(x-vt)^2}{1-v^2} + y^2 + z^2\right]^{3/2}} \qquad (26.3)$$

想求得 x 分量，得多做一些工作。ϕ 的導數更為複雜，且 A_x 又不等

於零。首先，

$$-\frac{\partial \phi}{\partial x} = \frac{q}{4\pi\epsilon_0\sqrt{1-v^2}} \frac{(x-vt)/(1-v^2)}{\left[\frac{(x-vt)^2}{1-v^2} + y^2 + z^2\right]^{3/2}} \quad (26.4)$$

然後，A_x 對 t 微分，我們得到

$$-\frac{\partial A_x}{\partial t} = \frac{q}{4\pi\epsilon_0\sqrt{1-v^2}} \frac{-v^2(x-vt)/(1-v^2)}{\left[\frac{(x-vt)^2}{1-v^2} + y^2 + z^2\right]^{3/2}} \quad (26.5)$$

最後再取其和，則有

$$E_x = \frac{q}{4\pi\epsilon_0\sqrt{1-v^2}} \frac{x-vt}{\left[\frac{(x-vt)^2}{1-v^2} + y^2 + z^2\right]^{3/2}} \quad (26.6)$$

　　過一會兒，我們將看看 E 的物理意義；讓我們先來求 B。對於其 z 分量，

$$B_z = \frac{\partial A_y}{\partial x} - \frac{\partial A_x}{\partial y}$$

由於 A_y 爲零，我們只得到一項微分。然而，注意到 A_x 不過是 $v\phi$，而對 $v\phi$ 取 $\partial/\partial y$ 正好是 $-vE_y$。因此

$$B_z = vE_y \quad (26.7)$$

同理，

$$B_y = \frac{\partial A_x}{\partial z} - \frac{\partial A_z}{\partial x} = +v\frac{\partial \phi}{\partial z}$$

亦即

$$B_y = -vE_z \quad (26.8)$$

最後，B_x 等於零，因爲 A_y 和 A_z 兩者都是零。我們可以將磁場簡單寫成

$$\boldsymbol{B} = \boldsymbol{v} \times \boldsymbol{E} \tag{26.9}$$

現在來看看場像什麼樣子。我們試圖將電荷在其現在位置周圍、各個不同位置上的場描繪出來。電場的影響，在某種意義上，確實來自該推遲位置；但由於運動是受到嚴格限定的，該推遲位置便可唯獨由現在位置給出。對於等速度來說，更妙的是將場與現行位置聯繫起來，因爲在點 (x, y, z) 上的各場分量，都只取決於 $(x - vt)$、y 和 z ——這是從現在位置到 (x, y, z) 點的位移 $\boldsymbol{r}$ 的各分量（見圖 26-3）。

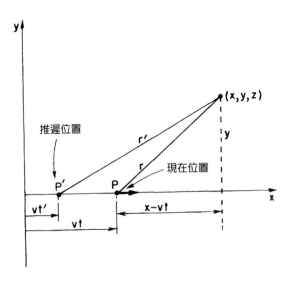

圖 26-3　等速運動的一個電荷，其電場從電荷的「現在」位置沿徑向指出。

　　首先考慮一個 $z = 0$ 的點。於是 E 就只有 x 和 y 分量。根據 (26.3) 和 (26.6) 式，此兩分量的比，正好等於該位移的 x 和 y 分量的比。這意思是說，E 和 r 朝同一方向，如圖 26-3 所示。由於 E_z 也正比於 z，所以此結果適用於三維的情況就很明顯了。總之，電場從電荷沿徑向發出，而場線直接從電荷向外輻射，正如一個靜止電荷所呈現的那般。當然，這個場並非與靜止電荷的場相同，這是因為所有的額外因子 $(1 - v^2)$ 所致。但是我們可以展示一件相當有趣的事。兩者的差別，恰如同你在用 x 軸依 $\sqrt{1 - v^2}$ 這個因素所壓扁的奇特座標系內，描繪庫侖場該會得到的那樣。倘若你這樣做，場線就將在電荷前後散開，而在側向則靠緊，如圖 26-4 所示。

　　假若我們依慣常的方法來看 E 的強度與場線的密度的關係，則可以看到側向上的場較強，而前後的場較弱，恰如相關方程式所指出的那樣。首先，若在垂直於運動路線的方向上觀察場強度，也就是說在 $(x - vt) = 0$ 處，從電荷至場點的距離為 $(y^2 + z^2)$。這兒總場強為 $\sqrt{E_y^2 + E_z^2}$，即

$$E = \frac{q}{4\pi\epsilon_0\sqrt{1 - v^2}}\frac{1}{y^2 + z^2} \qquad (26.10)$$

場與距離的平方成反比——正好像庫侖場，所不同的是，還受到一個總是大於 1 的恆定額外因子 $1/\sqrt{1 - v^2}$ 所增強。因此在一運動電荷的**側向**上，電場比從庫侖定律所得到的要強。事實上，側向上的場比庫侖電位勢大的倍數，等於粒子的能量與其靜質量的比。

　　在電荷的前方（與後方），y 和 z 都是零，因而

$$E = E_x = \frac{q(1 - v^2)}{4\pi\epsilon_0(x - vt)^2} \qquad (26.11)$$

場再次與電荷距離的平方成反比，但現在卻**減弱**為 $(1 - v^2)$ 倍（$(1 - v^2) < 1$)，這與場線的圖像相符。若 v/c 值小，則 v^2/c^2 更小，

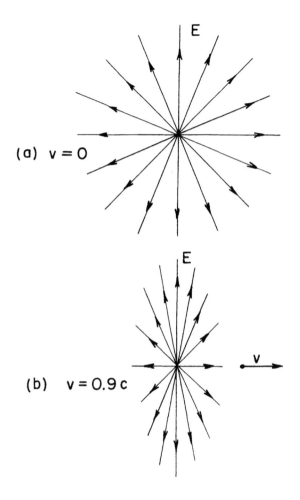

圖26-4 以等速 $v = 0.9c$ 運動的電荷的電場（圖(b)），與一靜止電荷的電場（圖(a)）相比較。

因而 $(1 - v^2)$ 這一項的影響就很小；我們便回到庫侖定律。但假若粒子的運動速度十分接近光速，則在前（後）方的場將會大大削弱，而在側向的場將大大增強。

運動電荷之電場的結果，可以這樣來陳述：假定你在一張紙上描繪出一個靜止電荷的場線，然後使這幅圖以速率 v 行進。當然，此時整幅圖會因勞侖茲收縮而受壓擠；也就是說，紙面上的碳粒將出現在不同的地方。不可思議的是，當這頁紙從你旁邊飛過時，你所看到的圖仍然代表該點電荷的場線。這一收縮使得場線在側向上互相靠攏，而在前後方向上則彼此散開，正好按適當方式給出正確的場線密度。

我們以前曾強調過，場線並非是真實的，只不過是一種表示場的方式。然而，這裡的場線卻幾乎像是真實的。在這一特殊情況下，倘若你誤認為，場線不知怎的真實存在於空間中，並對它們作變換，你還是會得到正確的場。但是，這也絲毫不會使場線更加真實。要提醒你自己場線並不是真實的，你所該做的就是去想像由一個電荷和一塊磁鐵共同產生的電場；當磁鐵運動時，新的電場會產生出來，從而破壞了這個美麗的收縮圖像。因此，這一收縮圖像的巧妙概念並非普遍有效。然而，它畢竟不失為一種方便的手段，以記住來自一個快速運動之電荷的場像什麼樣子。

磁場就是 $v \times E$〔根據 (26.9) 式〕。假若你取速度向量與一個徑向 E 場的外積，會得到環繞著運動路線的 B，如圖 26-5 所示。若我們把那些 c 都放回去，你便將看出，這與過去從低速電荷所得到的結果相同。為了看清應該在哪裡放進 c 的好方法，是回頭參考力的定律：

$$F = q(E + v \times B)$$

你看到，速度乘上磁場才具有與電場相同的因次。因此 (26.9) 式的右邊應該有一個因子 $1/c^2$：

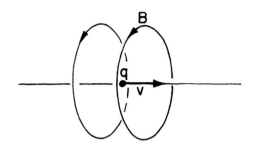

圖 26-5　一運動電荷附近的磁場為 $v \times E$（請與圖 26-4 比較）。

$$B = \frac{v \times E}{c^2} \qquad (26.12)$$

對於一個低速運動電荷（$v \ll c$）來說，我們可取庫侖場做為 E；這時

$$B = \frac{q}{4\pi\epsilon_0 c^2} \frac{v \times r}{r^3} \qquad (26.13)$$

上式正好相當於我們在第 14-7 節中從電流的磁場所得到的式子。

　　我們願意順便指出某種你會有興趣思考的東西。（我們以後還會再回來討論。）試想像兩電子的速度互成直角，其中一個電子將橫穿過第二個電子的路線，但第二個電子在第一個電子的前面，從而它們不會發生碰撞。在某一時刻，它們的相對位置將如圖 26-6(a) 所示。我們考察 q_2 作用在 q_1 上的力，以及相反的情況。施於 q_2 上的只有來自 q_1 的電力，因為 q_1 在 q_2 運動路線上不會造成磁場。然而，施於 q_1 上的也是那個電力，但除此之外還有磁力，因為 q_1 正在 q_2 造成的 B 場中運動。這些力示於圖 26-6(b) 中。施於 q_1 與 q_2 上的電力，大小相等，方向相反。可是，卻有一個側向（磁）力作用

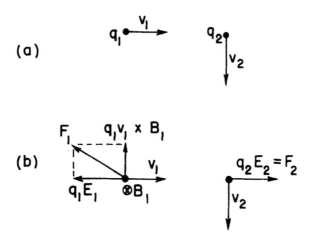

<u>圖 26-6</u>　兩個運動電荷之間的作用力，並非總是大小相等且方向相反。
看來「作用力」似乎不等於「反作用力」。

於 q_1 上，**而沒有任何側向力作用於** q_2 **上**。作用力卻不等於反作用
力嗎？我們將這個問題留給你們去操心。

26-3 場的相對論性變換

在上一節中，我們從變換後的電位算出了電場與磁場。當然，
場仍是重要的，儘管以前曾給出過論證，說明電位有其物理意義與
真實性。但是，場畢竟也是真實的。對於許多目的而言，若你已經
知道某一「靜止」系中的場，如有一種方法可算出在一運動系中的
場，這將十分方便。我們已有 ϕ 和 A 的變換律，因為 A_μ 是一個四
維向量。現在我們想知道關於 E 和 B 的變換律。給定一參考系中的
E 和 B，它們在另一個從旁移過的參考系中看來會是怎樣的呢？該

有一個方便的變換式。我們總是可以經由電位再算出場，但若能直接將場作變換，有時挺管用的。我們現在就來看看這是怎麼回事。

我們如何找出場的變換律呢？我們知道 ϕ 和 A 的變換律，並且我們知道場是如何由 ϕ 和 A 得出的 —— 要找出 B 和 E 的變換式應是容易的。（你也許會認為，對於每一向量就該有某種會使之成為四維向量的東西，因而對於 E 來說，就有另一種可做為其第四分量的東西。而且 B 也是如此。但事實並非如此。與你所期望的相當不同。）

一開始，讓我們只考慮磁場 B，它當然就是 $\nabla \times A$。現在我們知道，具有 x、y、z 各分量的向量位勢，只是某種東西的一部分；此外還有一個 t 分量。而且我們知道，對於像 ∇ 的導數，除了 x、y、z 各部分外，還有對 t 的導數。因此，就讓我們來試著算出若將「y」代以「t」，或將「z」代以「t」，或如此這般，會發生什麼事情。

首先注意，當我們將 $\nabla \times A$ 的各分量寫出時，其各分量的形式為

$$B_x = \frac{\partial A_z}{\partial y} - \frac{\partial A_y}{\partial z}, \quad B_y = \frac{\partial A_x}{\partial z} - \frac{\partial A_z}{\partial x}, \quad B_z = \frac{\partial A_y}{\partial x} - \frac{\partial A_x}{\partial y}$$

(26.15)

x 分量等於只含有 y 與 z 分量的兩個項。假若我們稱此導數與分量的結合體為「zy 物件」，並給簡稱為 F_{zy}。我們的意思只是

$$F_{zy} \equiv \frac{\partial A_z}{\partial y} - \frac{\partial A_y}{\partial z}$$

(26.15)

同樣，B_y 等於這同一類「東西」，但它卻是「xz 物件」。而 B_z 當然就相對應於「yx 物件」。我們於是有

$$B_x = F_{zy}, \qquad B_y = F_{xz}, \qquad B_z = F_{yx} \qquad (26.16)$$

現在，若我們試著造出一些像 F_{xt} 和 F_{tz} 那樣的「t」型物件（因為自然界對 x、y、z 和 t 都一視同仁，並且在這些上頭都對稱），會發生什麼事情呢？比方說，F_{tz} 是什麼？當然，它就是

$$\frac{\partial A_t}{\partial z} - \frac{\partial A_z}{\partial t}$$

但得記住 $A_t = \phi$，因而它也等於

$$\frac{\partial \phi}{\partial z} - \frac{\partial A_z}{\partial t}$$

你以前就見過了。這是 E 的 z 分量。噢，幾乎是——但正負號錯了。我們忘了在四維梯度中，t 導數的正負號與 x、y、z 各導數的相反。因此，我們應該取下式，做為更加一致的 F_{tz} 推廣：

$$F_{tz} = \frac{\partial A_t}{\partial z} + \frac{\partial A_z}{\partial t} \qquad (26.17)$$

如此一來，那正好等於 $-E_z$。也可嘗試 F_{tx} 和 F_{ty}，我們發現這三種可能性給出了

$$F_{tx} = -E_x, \qquad F_{ty} = -E_y, \qquad F_{tz} = -E_z \qquad (26.18)$$

假若兩個下標都是 t，又會出現什麼情況呢？或者，對此事來說，若兩者都是 x 呢？我們會得到一些如下的東西：

$$F_{tt} = \frac{\partial A_t}{\partial t} - \frac{\partial A_t}{\partial t}$$

和

$$F_{xx} = \frac{\partial A_x}{\partial x} - \frac{\partial A_x}{\partial x}$$

這些都不外給出零值。

於是我們有六個這種 F 物件。還有六個，你可以互換下標而得到的，但它們實際上不會給出任何新的東西，因為

$$F_{xy} = -F_{yx}$$

如此這般。所以，在由四個下標配對而得的十六種可能組合中，我們只得到六個不同的物理物件；**而它們就是 B 和 E 的分量。**

要表達出 F 的通項，我們將採用普遍的下標 μ 和 ν，它們都各代表 0、1、2 或 3 —— 也就是尋常的四維向量記法中的 t、x、y 和 z。而且，一切都符合四維向量記法，只要將 $F_{\mu\nu}$ 定義如下：

$$F_{\mu\nu} = \nabla_\mu A_\nu - \nabla_\nu A_\mu \tag{26.19}$$

要記住，$\nabla_\mu = (\partial/\partial t, -\partial/\partial x, -\partial/\partial y, -\partial/\partial z)$，以及 $A_\mu = (\phi, A_x, A_y, A_z)$。

我們已經找出的是：在自然界中有六個互相統屬在一起的量 —— 它們是同一件東西的不同面向。在低速運動的世界裡（那裡不需擔心光速），電場和磁場被認為是彼此分開的兩向量，在四維空間中卻不是向量。它們是一種新「東西」的部分。我們的物理「場」，實際上是具有六個分量的物件 $F_{\mu\nu}$。這是在相對論中，我們必須看待場的方式。我們將有關 $F_{\mu\nu}$ 的結果，概括於表 26-1 中。

表 26-1 $F_{\mu\nu}$ 的分量

$$F_{\mu\nu} = -F_{\nu\mu}$$
$$F_{\mu\mu} = 0$$

$F_{xy} = -B_z$	$F_{xt} = E_x$
$F_{yz} = -B_x$	$F_{yt} = E_y$
$F_{zx} = -B_y$	$F_{zt} = E_z$

　　你看，我們所做的就是將外積推廣。我們從旋度運算，以及旋度的變換性質與**兩個**向量的變換性質相同這一事實出發（這兩個向量，就是尋常的三維向量 **A**，以及已知其行爲也如同向量的梯度算符）。讓我們考察一下在三維中的尋常外積，比如一個粒子的角動量。當一物體在平面上運動時，$(xv_y - yv_x)$ 這個量是重要的。對於三維中的運動，則有三個這樣的重要量，我們稱爲角動量：

$$L_{xy} = m(xv_y - yv_x), \qquad L_{yz} = m(yv_z - zv_y),$$
$$L_{zx} = m(zv_x - xv_z)$$

此外，我們在第 I 卷第 20 章中曾發現一項奇蹟：這三個量和一個向量的三個分量一樣（儘管你現在可能已忘記了）。爲了這樣做，我們曾不得不用右手慣例建立人爲法則。那只不過是碰運氣。而且很幸運，因爲 L_{ij}（i 和 j 各可等於 x、y 或 z）是反對稱的東西：

$$L_{ij} = -L_{ji}, \qquad L_{ii} = 0$$

在那九個可能的量中，只有三個獨立數值。而碰巧的是，當你改變座標系時，這三件東西的變換方式恰好與一個向量的分量相同。

　　這同一事情，允許我們把一個曲面元素表達成一向量。一個曲面元素有兩部分，比如說 dx 和 dy，我們可用一個垂直於表面的向量 da 來表達。但我們無法在四維中這樣做。垂直於 $dx\,dy$ 的「法向量」是什麼呢？它是沿 z 方向，還是 t 方向呢？

　　總而言之，對三維而言，碰巧在取了兩向量的一個組合，比方說 L_{ij} 之後，你又可用另一向量來表達它，因爲剛好有三個項，恰好會像一個向量的分量那樣變換。但在四維中，這顯然是不可能的，因爲總共有六個獨立項，而你無法用四件東西來表示六件東西。

　　即使在三維中，也可能有無法用向量來代表的兩向量的組合。

假設我們任取兩向量 $a = (a_x, a_y, a_z)$ 和 $b = (b_x, b_y, b_z)$，並作成各種可能的分量組合，比如 $a_x b_x$、$a_x b_y$ 等等。應該有九種可能的量：

$$a_x b_x, \qquad a_x b_y, \qquad a_x b_z,$$
$$a_y b_x, \qquad a_y b_y, \qquad a_y b_z,$$
$$a_z b_x, \qquad a_z b_y, \qquad a_z b_z.$$

我們也許可以稱這些量爲 T_{ij}。

假如我們現在來到一個旋轉過（比方說繞 z 軸轉動）的座標系上，a 和 b 的分量就會改變。在這新座標系中，比如 a_x 會由下式代替：

$$a'_x = a_x \cos \theta + a_y \sin \theta$$

而 b_y 則由下式代替：

$$b'_y = b_y \cos \theta - b_x \sin \theta$$

其他各分量也與此相仿。當然，我們發明的乘積 T_{ij} 的九個分量也全都改變了。例如，$T_{xy} = a_x b_y$ 將變成

$$T'_{xy} = a_x b_y (\cos^2 \theta) - a_x b_x (\cos \theta \sin \theta) + a_y b_y (\sin \theta \cos \theta)$$
$$- a_y b_x (\sin^2 \theta)$$

也就是

$$T'_{xy} = T_{xy} \cos^2 \theta - T_{xx} \cos \theta \sin \theta + T_{yy} \sin \theta \cos \theta - T_{yx} \sin^2 \theta$$

T'_{ij} 的每一分量就是 T_{ij} 的諸分量的線性組合。

因此我們發現：不僅可能有如 $a \times b$ 這類的「向量積」，它有三個分量像向量那樣變換）；而且還能夠人爲的造出兩向量的另一種「乘積」T_{ij}，它有**九個**分量，在旋轉之下，按我們可理解的一組

複雜法則變換。需要有兩個下標、而非單一下標才能描述的這類東西，稱爲**張量**（tensor）。這是「二階」張量，因爲你也可以用三個向量來玩這一遊戲，從而獲得三階張量，或用四個向量而獲得四階張量，如此等等。一階張量就是向量。

所有這一切的要點在於，電磁量 $F_{\mu\nu}$ 也是一個二階張量，因爲它帶有兩個下標。然而，它是四維中的一個張量。它會按獨特的方式變換，這種方式正好是兩向量之積的變換方式，我們即將會瞭解這種方式。對於 $F_{\mu\nu}$，假如你把兩下標對調，則 $F_{\mu\nu}$ 的正負號剛好會改變。這是一種特殊情況——它是**反對稱張量**。所以我們說：電場與磁場都是四維中的二階反對稱張量的一部分。

你們已走了很長的一段路。是否還記得好久以前，我們定義速度的時候？而我們此刻已在談論「四維中的二階反對稱張量」了。

現在我們得找出 $F_{\mu\nu}$ 的變換律。這完全不難，只是繁瑣罷了——無需動腦筋，但得做不少工作。我們所需要的是 $\nabla_\mu A_\nu - \nabla_\nu A_\mu$ 的勞侖茲變換。既然 ∇_μ 不過是向量的一種特殊狀況，我們要對一普遍的反對稱向量組合（我們將稱爲 $G_{\mu\nu}$）進行計算：

$$G_{\mu\nu} = a_\mu b_\nu - a_\nu b_\mu \qquad (26.20)$$

（對於我們的目的來說，a_μ 最終將由 ∇_μ 取代，而 b_μ 則由 A_μ 取代。）a_μ 和 b_μ 的各分量分別按勞侖茲公式變換，它們是

$$\begin{aligned}
a'_t &= \frac{a_t - va_x}{\sqrt{1-v^2}}, & b'_t &= \frac{b_t - vb_x}{\sqrt{1-v^2}}, \\[2mm]
a'_x &= \frac{a_x - va_t}{\sqrt{1-v^2}}, & b'_x &= \frac{b_x - vb_t}{\sqrt{1-v^2}}, \\[2mm]
a'_y &= a_y, & b'_y &= b_y, \\[2mm]
a'_z &= a_z & b'_z &= b_z
\end{aligned} \qquad (26.21)$$

現在我們來變換 $G_{\mu v}$ 的分量。我們從 G_{tx} 開始：

$$G'_{tx} = a'_t b'_x - a'_x b'_t$$

$$= \left(\frac{a_t - va_x}{\sqrt{1 - v^2}}\right)\left(\frac{b_x - vb_t}{\sqrt{1 - v^2}}\right) - \left(\frac{a_x - va_t}{\sqrt{1 - v^2}}\right)\left(\frac{b_t - vb_x}{\sqrt{1 - v^2}}\right)$$

$$= a_t b_x - a_x b_t$$

但這恰好就是 G_{tx}；因而我們有如下簡單結果：

$$G'_{tx} = G_{tx}$$

我們再做一個。

$$G'_{ty} = \frac{a_t - va_x}{\sqrt{1 - v^2}} b_y - a_y \frac{b_t - vb_x}{\sqrt{1 - v^2}}$$

$$= \frac{(a_t b_y - a_y b_t) - v(a_x b_y - a_y b_x)}{\sqrt{1 - v^2}}$$

因而我們得到

$$G'_{ty} = \frac{G_{ty} - vG_{xy}}{\sqrt{1 - v^2}}$$

當然按相同的方法也可得到

$$G'_{tz} = \frac{G_{tz} - vG_{xz}}{\sqrt{1 - v^2}}$$

剩下的將會是如何，已經很清楚了。讓我們將所有這六個項製成一個表；只是此刻我們也可以寫出 $F_{\mu v}$ 的六個項：

$$F'_{tx} = F_{tx}, \qquad\qquad F'_{xy} = \frac{F_{xy} - vF_{ty}}{\sqrt{1 - v^2}},$$

$$F'_{ty} = \frac{F_{ty} - vF_{xy}}{\sqrt{1 - v^2}}, \qquad F'_{yz} = F_{yz}, \qquad\qquad (26.22)$$

$$F'_{tz} = \frac{F_{tz} - vF_{xz}}{\sqrt{1 - v^2}}, \qquad F'_{zx} = \frac{F_{zx} - vF_{zt}}{\sqrt{1 - v^2}}$$

當然，我們仍舊有 $F'_{\mu v} = -F'_{v\mu}$ 和 $F'_{\mu\mu} = 0$。

所以我們有了電場與磁場的變換式。我們所必須做的一切，就是去查表 26-1，以找出在用 $F_{\mu v}$ 的堂皇記法中，改用 E 和 B 時會變成什麼。這只不過是如何代入的事情。為了能看出在尋常符號中是怎樣的，我們在表 26-2 中重新寫出場分量的變換式。

表 26-2　電場與磁場的勞侖茲變換（注意：$c = 1$）

$$E'_x = E_x \qquad\qquad B'_x = B_x$$

$$E'_y = \frac{E_y - vB_z}{\sqrt{1 - v^2}} \qquad\qquad B'_y = \frac{B_y + vE_z}{\sqrt{1 - v^2}}$$

$$E'_z = \frac{E_z + vB_y}{\sqrt{1 - v^2}} \qquad\qquad B'_z = \frac{B_z - vE_y}{\sqrt{1 - v^2}}$$

表 26-2 中的式子告訴我們，若我們從一個慣性系到另一者時，E 和 B 如何變化。若我們知道一個參考系中的 E 和 B，則可找出在以速率 v 從其旁邊移過的另一參考系中 E 和 B 為何。

若我們注意到，由於 v 是在 x 方向上，因而所有帶 v 的項，都是外積 $v \times E$ 和 $v \times B$ 的分量，那麼便可將這些方程式寫成更易於記憶的形式。因此我們可將那些變換式，重新列成如表 26-3 中的形式。

表 26-3　場變換的另一種形式（注意：$c = 1$）

$$E'_x = E_x \qquad\qquad B'_x = B_x$$

$$E'_y = \frac{(E + v \times B)_y}{\sqrt{1 - v^2}} \qquad\qquad B'_y = \frac{(B - v \times E)_y}{\sqrt{1 - v^2}}$$

$$E'_z = \frac{(E + v \times B)_z}{\sqrt{1 - v^2}} \qquad\qquad B'_z = \frac{(B - v \times E)_z}{\sqrt{1 - v^2}}$$

現在就更容易記住，哪一個分量到哪兒去了。事實上，若將沿 x 軸
的場分量定義為「平行」分量 $E_{\parallel}$ 和 $B_{\parallel}$（因為它們都平行於 S 與 S'
間的相對速度），而將總橫向分量——y 和 z 兩分量的向量和，定義
為「垂直」分量 $E_{\perp}$ 和 $B_{\perp}$，則此變換式還可以寫成更簡單的樣子。
這樣，我們就得到表 26-4 中的那些式子了。（我們也已將那些 c 都
放回去了，這樣，以後要回來參考時更為方便。）

表 26-4　E 和 B 的勞侖茲變換的另一種形式

$$E'_{\parallel} = E \qquad\qquad B'_{\parallel} = B$$

$$E'_{\perp} = \frac{(E + v \times B)_{\perp}}{\sqrt{1 - v^2/c^2}} \qquad B'_{\perp} = \frac{\left(B - \dfrac{v \times E}{c^2}\right)_{\perp}}{\sqrt{1 - v^2/c^2}}$$

這些場變換式提供我們另一種方法，可以解一些曾經解過的問
題——比如求一運動點電荷之場。從前我們經由微分電位而計算出
場。但我們現在應該能藉由變換庫侖場而做到這點。若有在 S 參考
系中靜止不動的一點電荷，則只有簡單的徑向 E 場。在 S' 參考系
中，我們將看到以速度 u 運動的一個點電荷，假如 S' 參考系是以速
率 $v = -u$ 經過 S 參考系的話。表 26-3 與表 26-4 會給出與我們在第
26-2 節中曾經得到的相同電場與磁場，這將留給你們去證明。

假如我們由**任一個**固定電荷系統旁行過，則表 26-2 中的變換式
對於我們所能看到的東西，將提供有趣而又簡單的答案。比方說，
假定要知道在**我們的** S' 參考系中的場，倘若我們正在如圖 26-7 所
示的那個電容器的兩板之間運動的話。（當然，若說是一個充了電
的電容器正經過**我們**而運動，情況也是一樣。）我們看到了什麼
呢？

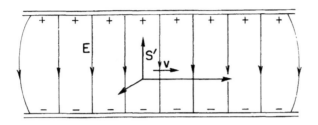

圖 26-7　S' 座標系正穿過一個靜電場而運動。

　　在此情形中的變換是簡單的，因為在原來的參考系中，B 場等於零。首先，假定我們的運動垂直於 E，則我們將看到仍然完全橫向的 $E' = E/\sqrt{1 - v^2/c^2}$。此外，我們還將看到一個磁場 $B' = -v \times E'/c^2$。（在 B' 的式子中，$\sqrt{1 - v^2}$ 不會出現，因為我們是用 E' 而非 E 來寫出的；但這是同一回事。）因此當我們垂直於一靜電場而運動時，會看到一個減弱的 E 場與一個附加的橫向 B 場。若我們的運動並不垂直於 E，則可將 E 分成 $E_{||}$ 和 $E_{\perp}$ 兩部分，平行部分不會改變，即 $E'_{||} = E_{||}$，而垂直部分，則恰如剛才所描述的那樣作用。

　　現在來考慮相反的情況，並設想我們正穿越一個純靜**磁**場而運動。這回，我們會看到一個等於 $v \times B'$ 的**電**場 E'，以及一個隨因子 $1/\sqrt{1 - v^2/c^2}$ 而改變的磁場（假定它是橫向的）。只要 v 比起 c 來很小，我們便可忽略磁場的變化，因而主要效應是出現了一個電場。

　　關於這個效應的一個例子是，試考慮測定飛機航速這個曾經很著名的問題。這問題已不再著名了，因為我們現在可利用雷達從地面的反射波來測定空速（air speed），但多年以來，想在惡劣氣候中求得飛機的速率一直很困難。你無法見到地面，又不知道哪個方向是向上，如此等等。但弄清楚你相對於地面移動得多快，仍然很重

要。在見不到地面的情況下，如何做到這一點呢？

知道那些轉換式的人，有好多位曾想到一個念頭，即利用飛機正在地球磁場中運動這一事實。假設一架飛機正在磁場大致上已知的地方飛行。讓我們只考慮「磁場是垂直的」這種簡單情形。要是我們正以一水平速度 v 飛過它，則依照公式，我們該見到一個等於 $v \times B$ 的電場，即電場垂直於運動方向。假設橫過機身架設一根絕緣的導線，則此電場將感生電荷於導線的兩端。這並非任何新的東西。從地面上人們的觀點來看，我們正在把一根導線橫穿磁場而運動，因而 $v \times B$ 這個力會引起電荷流向導線兩端。那些變換式不過是以另一種方式陳述同一件事情罷了。（我們能以不只一種方式談論同一件事情這個事實，並不意味某種方式就優於其他方式。我們現在已有許多不同的方法和工具，使得我們慣常就能夠用 65 種不同的方式獲得同一結果！）

因此，爲測量 v，我們所必須做的一切，就是去測量導線兩端間的電壓。我們不能用伏特計來作這件事，因爲同樣的場也將作用於伏特計的導線上，但總有方法可測量這些場。我們在第 9 章中討論大氣中的靜電時，曾談及某些這類方法。所以應該有可能測出飛機的航速。

然而，這一重要的問題卻從未以此方式解決過。原因在於：所產生電場的數量級爲每公尺數毫伏特。本來是可以測出這樣的場來的，但困難在於，不幸的是，這些場無法與其他電場作任何區別。由運動穿過磁場所產生的場，與從另一種原因，比如說空氣或雲霧中的靜電荷所產生、而已經存在空中的某些電場，並無法區分開來。我們在第 9 章中曾描述過，地球表面上存在強度約爲每公尺 100 伏特的典型電場。但那些電場相當不規則。因而當飛機在空中飛過時，它將看到比起由 $v \times B$ 項所產生的微小場還要強大得多的

大氣電場的起伏,而結果就變成,由於實際的原因,我們無法藉由
穿越地球磁場的運動來測定飛機的航速。

26-4 用相對論性記號表示的運動方程式[*]

由馬克士威方程組求出電場與磁場,並沒有多大用處,除非我
們能知道,當有這些場時,它們會做些什麼。你可能記得,這些場
對於找出作用在電荷上的力是必需的,而這些力則決定了電荷的運
動。因此,電荷運動與力的關係,當然是電動力學的一部分。

對於在 E 場和 B 場中的單一電荷,它所受的力為

$$F = q(E + v \times B) \tag{26.23}$$

對於低速而言,此力等於質量乘以加速度,但對於任意速度的正確
定律則是力等於 dp/dt。寫出 $p = m_0 v / \sqrt{1 - v^2/c^2}$,我們便得到在相
對論上正確的運動方程式

$$\frac{d}{dt} \left(\frac{m_0 v}{\sqrt{1 - v^2/c^2}} \right) = F = q(E + v \times B) \tag{26.24}$$

現在,我們要從相對論的觀點來討論這一方程式。既然我們已
經將馬克士威方程組表達成相對論性形式,那麼看看在相對論性形
式下,運動方程式會像什麼樣子,應該是饒富意味的。就讓我們來
看看,能否將上面的方程式重新用四維向量記號寫出。

我們知道:動量是四維向量 p_μ 的一部分,而 p_μ 的時間分量則

---

[*]原注:在這一節中,我們將放回所有的 c。

是能量 $m_0c/\sqrt{1 - v^2/c^2}$。因此我們也許會想到，要用 dp_μ/dt 來代替 (26.24) 的左邊。那麼我們只須找出屬於 F 的第四個分量。這第四分量必須等於能量的變化率，或者是作功的時率，亦即 $\boldsymbol{F} \cdot \boldsymbol{v}$。於是，我們就想將 (26.24) 式的右邊寫成像 $(\boldsymbol{F} \cdot \boldsymbol{v}, F_x, F_y, F_z)$ 的四維向量。可是，這並不構成一個四維向量。

　　一個四維向量的**時間**導數，不再是一個四維向量，因為 d/dt 要求選定某一個用來測量 t 的特殊參考系。我們以前在試圖使 v 成為一個四維向量時，就曾遇過這個困難。當時我們的第一個猜測是，其時間分量一定是 $cdt/dt = c$。但這些量

$$\left(c, \frac{dx}{dt}, \frac{dy}{dt}, \frac{dz}{dt} \right) = (c, v) \tag{26.25}$$

並**不是**一個四維向量的分量。我們曾經發現，經由對每一分量乘以 $1/\sqrt{1 - v^2/c^2}$，就可使它們成為一個四維向量。「四維速度」u_μ 就是這麼一個四維向量：

$$u_\mu = \left(\frac{c}{\sqrt{1 - v^2/c^2}}, \frac{v}{\sqrt{1 - v^2/c^2}} \right) \tag{26.26}$$

所以事情似乎是：若我們希望那些導數形成一個四維向量，則祕訣在於對 d/dt 乘以 $1/\sqrt{1 - v^2/c^2}$。

　　於是我們的第二個猜測是：

$$\frac{1}{\sqrt{1 - v^2/c^2}} \frac{d}{dt}\, (p_\mu) \tag{26.27}$$

應該是一個四維向量。但 v 是什麼呢？它是粒子的速度 —— 並非座標系的速度！那麼由下式

$$f_\mu = \left(\frac{\boldsymbol{F} \cdot \boldsymbol{v}}{\sqrt{1 - v^2/c^2}}, \frac{\boldsymbol{F}}{\sqrt{1 - v^2/c^2}} \right) \tag{26.28}$$

定義的量f_μ，就是力在四維中的推廣——我們可以稱它爲「四維力」（four-force）。它的確是一個四維向量，而其空間分量並非 F 的分量，而是 $F/\sqrt{1 - v^2/c^2}$ 的分量。

問題在於——爲何f_μ是一個四維向量呢？對 $\sqrt{1 - v^2/c^2}$ 這個因子稍微做些瞭解，應該是不錯的。由於它至今已出現過兩次，現在該是時候，對 d/dt 總可以用同一個因子來修正這件事，看出個所以然來了。

答案如以下所述：當我們對某一 x 的函數取時間導數時，是在變量 t 的一個小間隔 Δt 中計算 x 的增量 Δx。但在另一個參考系中，這間隔 Δt 或許對應於 t' 和 x' 兩者的變化，因而假使我們僅改變 t'，則 x 的變化就將不同了。對於我們的微分來說，我們必須找到一個變量，能做爲**時空**「間隔」之量度，它才是在一切座標系中都是相同的。當一個粒子在四維空間中「運動」時，會有各種變化：Δt、Δx、Δy、Δz。我們能否從它們建構成不變的間隔呢？噢，它們就是四維向量 $x_\mu = (ct, x, y, z)$ 的各分量，因而假使我們由下式定義一個量 Δs

$$(\Delta s)^2 = \frac{1}{c^2}\,\Delta x_\mu\,\Delta x_\mu = \frac{1}{c^2}\,(c^2\,\Delta t^2 - \Delta x^2 - \Delta y^2 - \Delta z^2) \quad (26.29)$$

——這是一個四維內積，則我們就有可做爲四維間隔之量度的優良四維純量了。從 Δs，或其極限 ds，我們可以定義一個參數 $s = \int ds$。而 s 的導數，即 d/ds，是一種優良四維算符，因爲對於勞侖茲變換來說，它是不變的。

對於一個運動粒子來說，很容易得到 ds 和 dt 的關係。對於一個運動中的點粒子，

$$dx = v_x\,dt, \quad dy = v_y\,dt, \quad dz = v_z\,dt, \quad (26.30)$$

因而

$$ds = \sqrt{(dt^2/c^2)(c^2 - v_x^2 - v_y^2 - v_z^2)} = dt\sqrt{1 - v^2/c^2} \quad (26.31)$$

於是下列算符

$$\frac{1}{\sqrt{1 - v^2/c^2}} \frac{d}{dt}$$

就是一個**不變算符**。若我們將它作用到任一個四維向量上，便得到另一個四維向量。例如，若將它作用於 (ct, x, y, z) 上，便得到四維速度

$$\frac{dx_\mu}{ds} = u_\mu$$

現在我們看出，為何 $\sqrt{1 - v^2/c^2}$ 這個因子總能把事情安排妥當。

　　在勞侖茲變換下的不變量 s，是一個有用的物理量。它稱為沿一粒子路徑的「原時」（proper time），因為在隨粒子運動的參考系中，ds 總是在任一特定時刻下的一個時間間隔。（這時，$\Delta x = \Delta y = \Delta z = 0$，因而 $\Delta s = \Delta t$。）假若你能想像出某一座「鐘」，其指針前進的速率不取決於加速度，那麼伴隨粒子的這樣一座鐘就將指示出時間 s。

　　現在我們可以回頭將（經過愛因斯坦修正過的）牛頓定律寫成如下簡潔形式

$$\frac{dp_\mu}{ds} = f_\mu \quad (26.32)$$

其中 f_μ 由 (26.28) 式給出。並且，動量 p_μ 可以寫成

$$p_\mu = m_0 u_\mu = m_0 \frac{dx_\mu}{ds} \quad (26.33)$$

式中座標 $x_\mu = (ct, x, y, z)$ 現在就描述了粒子的軌跡。最後，此四維

記法為我們提供了下列這個運動方程式，形式十分簡單：

$$f_\mu = m_0 \frac{d^2 x_\mu}{ds^2} \tag{26.34}$$

這使人回想起 $F = ma$。重要的是，須注意 (26.34) 式與 $F = ma$ 是**不同的**，因為 (26.34) 式這個四維向量公式已含有在高速時不同於牛頓定律的相對論性力學。這與馬克士威方程組的情況不同，那裡我們能夠將各個方程式都重新寫成相對論性形式，而**不致絲毫改變其意義**——這只不過是一種記法上的改變而已。

現在讓我們回到 (26.24) 式，並看看如何才能將其右邊用四維向量記法寫出。那三個分量，當各自除以 $\sqrt{1 - v^2/c^2}$ 時，就是 f_μ 的分量，因而

$$\begin{aligned} f_x &= \frac{q(E + v \times B)_x}{\sqrt{1 - v^2/c^2}} \\ &= q\left[\frac{E_x}{\sqrt{1 - v^2/c^2}} + \frac{v_y B_z}{\sqrt{1 - v^2/c^2}} - \frac{v_z B_y}{\sqrt{1 - v^2/c^2}} \right] \end{aligned} \tag{26.35}$$

現在我們必須將所有的量，都用它們的相對論性記號來表達。首先，$c/\sqrt{1 - v^2/c^2}$ 和 $v_y/\sqrt{1 - v^2/c^2}$ 以及 $v_z/\sqrt{1 - v^2/c^2}$，就是四維速度 u_μ 的 t、y 和 z 分量。而 E 和 B 的分量，則是二階張量場 $F_{\mu\nu}$ 的分量。當回到表 26-1 去查看與 E_x、B_z 和 B_y 相對應的那些 $F_{\mu\nu}$ 的分量時，我們得到*

*原注：當我們在表 26-1 中將 c 放回去時，對應到 E 分量的所有 $F_{\mu\nu}$ 分量要乘以 $1/c$。

$$f_x = q(u_t F_{xt} - u_y F_{xy} - u_z F_{xz})$$

這看來開始有趣了。每項都有一個下標 x，這是合理的，因為我們正在尋找 x 分量。而所有其他下標都是成對出現：像是 tt、yy 和 zz，除了 xx 這一項不見之外。所以我們索性將它塞進去，並寫成

$$f_x = q(u_t F_{xt} - u_x F_{xx} - u_y F_{xy} - u_z F_{xz}) \qquad (26.36)$$

我們並未改變任何事情，因為 $F_{\mu\nu}$ 是反對稱的，從而 F_{xx} 等於零。之所以要將 xx 項放進去，就是為了使我們能夠將 (26.36) 式寫成一個速寫形式

$$f_\mu = q u_\nu F_{\mu\nu} \qquad (26.37)$$

上式與 (26.36) 式是一樣的，假如我們作出如下**規則**的話：每當任一個下標出現**兩次**時（比如這裡的 ν），你就像對純量積那樣，自動把這些項都加起來，**並使用相同的正負號慣例**。

　　你可**斷然**相信，(26.37) 式對於 $\mu = y$ 或 $\mu = z$ 也同樣適用，但對於 $\mu = t$ 又是怎麼回事呢？為了好玩，讓我們看看這訴說了什麼來著：

$$f_t = q(u_t F_{tt} - u_x F_{tx} - u_y F_{ty} - u_z F_{tz})$$

現在我們得將其翻譯回那些 E 和 B 了。我們得出

$$f_t = q\left(0 + \frac{v_x}{\sqrt{1 - v^2/c^2}} E_x + \frac{v_y}{\sqrt{1 - v^2/c^2}} E_y + \frac{v_z}{\sqrt{1 - v^2/c^2}} E_z\right)$$

$$(26.38)$$

或

$$f_t = \frac{qv \cdot E}{\sqrt{1 - v^2/c^2}}$$

但由 (26.28) 式，f_t 必須是

$$\frac{F \cdot v}{\sqrt{1 - v^2/c^2}} = \frac{q(E + v \times B) \cdot v}{\sqrt{1 - v^2/c^2}}$$

既然 $(v \times B) \cdot v$ 等於零，上式與 (26.38) 式就相同了。所以，一切都很順利。

概括而言，我們的運動方程式可以寫成如下的優美形式：

$$m_0 \frac{d^2 x_\mu}{ds^2} = f_\mu = qu_\nu F_{\mu\nu} \tag{26.39}$$

方程式可以寫成這種樣子雖然很巧妙，但這種形式卻不是特別有用。想要求解粒子運動的問題，採用原來的方程式 (26.24) 往往還更方便，而那將是我們經常要做的。

The *Feynman* 閱讀筆記